メタバースの教科書

METAVERSE : A Practical Approach

雨宮智浩 [著]

原理・基礎技術から産業応用まで

Ohmsha

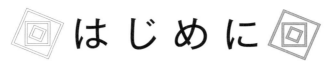

はじめに

　はじめに，この本を手にとっていただき，心より感謝申し上げます．お手にとってくださった方は，どこかで「メタバース」という言葉を見かけ，既に検索サイトで調べたり，テレビ番組や動画配信サイトなどで解説を見たりしたかもしれません．2021 年に Facebook 社が社名を Meta Platforms 社に変えて以来，メタバースへの注目は高まりました．さまざまなメディアでメタバースは「新大陸」や「次のインターネット」などと称され，メタバースの体験を紹介する書籍やビジネス活用に関する書籍は書店に溢れています．しかし，残念ながら，メタバースを形造る技術を学問体系として整理されたものはありませんでした．筆者は東京大学に勤務し，そこで「メタバース」に関する講義や講演を行っていますが，ビジネス事例の羅列や哲学的論考（も重要ですが）ではなく，技術と理論が整理された専門書があるとよいと思っていました．そこで，本書は，国内で初めて，バーチャルリアリティ（VR）や拡張現実感（AR）を基幹技術とするメタバースの「教科書」として，今後のメタバース分野の発展に貢献することを目的として執筆しました．

　教科書といってもそもそもメタバースは学問なのかと不思議に思う方もいると思います．メタバースはどの側面から眺めるかで，見えてくる中身が異なります．本書では，ソーシャル VR として見たメタバースについて主に取り上げ，メタバースを「多人数が同時にオンラインで社会的活動が可能な 3D バーチャル空間」と定義する立場を支持しています．この定義の中でメタバースに関する研究は盛んに行われ，知見が蓄積されつつあります．一方で，本書の定義では Web3 や NFT はメタバースの必須の構成要素と考えておりませんので，必要最低限の記載にとどめています．

　メタバースは，現実世界を超えた新たな領域であり，その可能性は未知数です．メタバース内でアバタを自分自身の分身として登場させ，他者との交流を通じて，また，その身体を介して感じる体験はどのように作られているのでしょうか．この問いに応えるため，本書ではメタバースを構成する基礎知識から応用分野まで，その概念や定義，歴史から未来予想図までを幅広く解説しています．また，メタバースの産業応用など最新の動向も整理し，読者の皆様にとって有益な情報を提供することを心がけています．特に，本書では特定のプラットフォームやサービスに肩入れせず，透明で，中立的かつ客観的な視点を心がけました．

　本書は大学学部生や大学院生を主な対象としていますが，メタバースに関するビジネス書を読み，何となくメタバースをわかった気になった社会人にもお役に立てる内容となっています．本書は学術的に「メタバース」の技術を深堀りしているため，市場やビジネス事例の調査報告書ではありませんが，メタバースを活用するためのヒントについても詳しく解説しています．これからメタバースにかかわっていこうと考えている方，既にメタバースにかか

わっている方にも，きっと役立つ情報が盛りだくさんです．また，メタバースが普及する時代を担う中高生のみなさんにもぜひ読んでほしいと思っています．本書によって家電量販店で売っているゴーグルだけが VR ではないこと，そして，胡散臭い投機話ばかりがメタバースの本質ではないことを理解していただけると思います．

　本書で取り上げたメタバースに関する分野は工学，心理学，社会学，情報学など多岐に渡ります．そのため，わからないところは読み飛ばして問題ありません．気になるキーワードを本書の索引から引くような使い方もできます．各章の冒頭に導入文をつけていますので，それらを参考に興味のあるところから読み始めてもよいと思います．メタバースの分野に興味をもっている方々にとって必携の一冊となることをお約束いたします．

　最後に，本書の執筆にあたり多大なご協力をいただいた関係者の皆様に深く感謝申し上げます．特に本書の完成に向けて，熱心な指導と助言をいただいた株式会社オーム社の担当編集者の矢野友規さんに大変お世話になりました．本書が，読者の皆さんのメタバースとその技術に関する理解の一助となることを願い，メタバースの分野の発展に貢献することを期待しております．

2023 年 3 月

雨 宮 智 浩

 目　　　　次

3章　メタバース/VR を構成する基礎技術　～計測・表現～

1章

メタバース/VR とは

　「メタバース」という言葉は1992年に発売されたSF小説「Snow Crash」で最初に使われました．その作者 Neal Stephenson が，VR という言葉が気に食わないので代わりにメタバースという言葉を発明した，と述べているように，生まれたときは VR と非常に近い概念でした．時を経てメタバースの定義は複数ユーザが社会活動を行える 3DCG 空間のように変化し続けています．1章では，メタバースにおける基幹技術である VR の歴史と，そこからメタバースへの潮流を整理し，関連する技術の変化を俯瞰します．

1.1　VR の 歴 史

　VR（virtual reality，バーチャルリアリティ）は，機能としての本質は同じであるような環境を，ユーザの五感を含む感覚を刺激することにより理工学的に作り出す技術およびその体系のことを指します．特定非営利活動法人 日本バーチャルリアリティ学会（以下，日本 VR 学会）では VR を「みかけや形は原物そのものではないが，本質的あるいは効果としては現実であり原物であること」と定義しています．VR の定義に違いはあれど「本質的な現実」が定義の根幹を成していることがわかります．

　virtual とは「実際には存在しないが，機能や効果として存在する同等のもの」を指し，reality は「現実感」と訳されます．バーチャルの訳によく用いられる「仮想」はこのような意味を表すものではないので，VR は日本語では仮想現実ではなく，人工現実感と訳すのが適切といえます．

　バーチャルリアリティという言葉が最初に使われたのは1989年（平成元年）になります．米国の展示会で VPL（Virtual Programming Languages）Research 社の創業者である Jaron Lanier 氏が同年に発表した **RB2**（Reality Built for Two）というシステムの宣伝用文書に "Virtual Reality" という言葉を使用し，広く一般のものにしました．RB2 は世界初の商用 **HMD**（head-mounted display）といわれる EyePhone と，光ファイバを使った手指の姿勢を検出する手袋型の入力装置 DataGlove によって構成され，バーチャルな世界でコミュニケーションが取れる「未来の電話」と呼ばれま

図 1.1　世界初の商用 HMD を使った RB2

した（図 1.1）.

　VR という言葉が表舞台に立つ前の 1989 年以前にも VR の礎となる技術はさまざまな工学領域で進められてきました．たとえば，Sketch Pad というインタラクティブな GUI の開発者としても有名な Ivan Edward Sutherland 氏が 1968 年に発表した The Sword of Damocles（**ダモクレスの剣**）は世界最初の HMD といわれています（図 1.2）．天井から垂れ下がる頭部姿勢のトラッキング装置の形が，頭に刺さった剣のように見えたことからそのように名付けられています．二つの CRT（ブラウン管）の 3D 映像（たとえば立方体のワイヤーフレーム）がハーフミラーを介してそれぞれの眼に届き，物理世界に重ね合わされる光学式シースルー型 HMD でした．なお，1965 年に発表した「The Ultimate Display（究極のディスプレイ）」という題のエッセイの中で，同氏は「究極のディスプレイは HMD ではなく，計算機があらゆる物質の存在を制御できる部屋のようなもの」と述べています．その部屋では，椅子に座ることができ，手錠は人を拘束でき，銃弾に当たれば命取りになるとも述べられ，究極

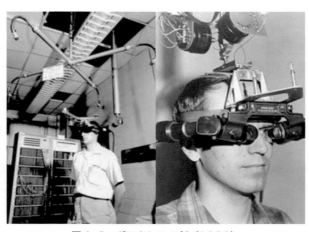

図 1.2　ダモクレスの剣（1968）

図 1.3　Sensorama（1957）

のディスプレイは VR の目指すものとほぼ同一といえます．

　映画撮影技師の Morton Heilig 氏が開発したセンソラマ（**Sensorama**）も VR 黎明期の代表作品です．座って体験する筐体で，米国ニューヨーク市のマンハッタンをバイクで走り，街路の映像に加え，走行に伴う風，エンジン油の匂いやピザのチーズが焼けた香りが感じられるシステムが 1957 年頃に発表されました（図 1.3）．視覚のみならず，五感を通じた感覚提示によって体験を創り出す金字塔的な作品です．

　こうしたシステムを経て，1990 年代に VR は最初の全盛期を迎えます．メディアアート分野やインタラクティブ CG など，さまざまな分野で大きく発展しました．2000 年に入る頃には市場では VR という言葉自体が使われなくなっていきましたが，学術的な基礎研究は着々と進められました．この間，Apple 社の iPhone などのスマートフォンが登場し，ディスプレイやセンサの進化が進み，これが VR の発展に大きく寄与することになります．

　2012 年に Palmer Luckey 氏がクラウドファンディング Kickstarter で約 2 億 8,000万円の資金を調達して「**Oculus Rift**」を開発しました（図 1.4）．Oculus Rift の画期的なところは 1 枚の液晶パネルを左右に分割し（サイドバイサイドと呼びます），凸レンズを両眼で 2 枚のみにし，そのまま映すと歪んでしまう映像を逆算して最初から歪ませて表示することで体験者の目には正しく映るように設計したことです（2 章参照）．2014 年にはその Oculus VR 社が Facebook に 20 億ドルで買収され，VR への

図 1.4　Oculus Rift DK

期待感が加熱し，第 2 次 VR ブームへと突入します．

　同年，Google が自社の開発者向けイベント「Google I/O」で段ボール製の組み立て式 HMD の **Google Cardboard** を参加者に配布しました．スマートフォンを段ボールの中に固定し，段ボールに取り付けられたレンズから覗くものです（図 1.5）．Google Cardboard では，スマートフォンのディスプレイをサイドバイサイドで分割し，慣性センサを活用して頭部方向に応じた立体視映像の表示を実現しています．また，段ボールの左側の面に取り付けられた磁石をスライドさせることで，スマートフォン内蔵の磁気センサを使った入力を実現していました．

　2016 年にはさまざまな VR デバイスが登場しました．Oculus は製品版の Oculus Rift CV1 を発売し，台湾を拠点とするスマートフォンメーカーの HTC 社は HTC VIVE を発売しました．さらに，マイクロソフトは MR（mixed reality）デバイス「**HoloLens**」の出荷を開始しました．後述する Play Station VR（PSVR）もソニー・インタラクティブエンタテインメント社から同年に発売されたことと併せて，2016

図 1.5　Google Cardboard

年は VR 元年とマスメディアを中心に呼ばれるようになりました.

　この VR 元年から遡ること 20 年，VR にかかわる研究発表の場の誕生によって，研究者の交流や研究領域の確立が進みました．国内では，1990 年代初頭の急速な VR ブームを受けて 1996 年 5 月 27 日に日本 VR 学会が設立され，2005 年には非営利団体法人（NPO 法人）になりました．同学会は，学会誌や論文誌の発刊，年次大会や学生対抗 VR コンテストの開催，そして VR 技術者認定試験などを行っています．明示的に VR を冠した学会があるのは日本とフランスだけだといわれています．また，ほかにも日本 VR 医学会など VR を冠した学術団体も誕生するようになりました.

　また，1992 年に ICAT（International Conference on Artificial reality and Telexistence）という VR に関する国際会議が開催されました．なお，会議の名前にもなっている **artificial reality** は，インタラクティブアート分野の Miron Krueger 氏が 1983 年に書籍名として使った用語で，「人工現実感」と訳されています． **telexistence** は VR の一つの分野で，遠隔地にある物や人があたかも近くにあるかのように感じながら，操作などをリアルタイムに行う環境を構築する技術およびその体系のことで，東大名誉教授の舘暲氏が 1984 年に提唱しました．その後，現在トップカンファレンスとされている IEEE VR[#] が 1993 年から開催され，さらに ISMAR（International Symposium on Mixed and Augmented Reality），Laval Virtual や ACM SIGGRAPH など，VR や AR, CG やインタラクティブ技術に関する国際会議が数多く開催されるようになりました.

　家庭用ゲーム機に目を向けると，1995 年に任天堂がバーチャルボーイを発売しました．テーブルにスタンドを立て，真っ赤なゴーグルを覗き込んで立体映像を楽しむゲーム機でした．表示される映像は赤色のみでしたが，両眼立体視が体験できました．2014 年に任天堂はニンテンドー 3DS を発売し，視差バリア方式による裸眼立体視体験を実現しました．前述のとおり 2016 年にはソニー・インタラクティブエンタテインメントが PSVR を発売しました．これらで用いられている技術は 2 章で詳説します.

1.2 VR/AR/MR とは

　VR の関連する研究領域を表す用語として AR（augmented reality）や MR（mixed reality）があります．AR や MR は VR と共通する技術や課題が多く，研究者の交流も盛んです．ここでは AR や MR などの用語について整理します.

[#] 正確にはその前身である VRAIS（Virtual Reality Annual International Symposium）.

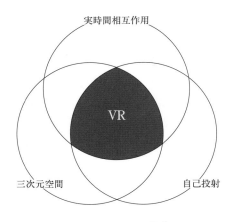

図1.6　VRの3要素

1.2.1●VR（人工現実感）

　VRはメタバースの根幹を支える技術です．VRシステムは，ユーザの状態を計測するセンシング技術，VR環境を記述するシステム，ユーザにVR環境の情報を提示する感覚ディスプレイ技術によって構成されます．このようなVRシステムでは，**「三次元の空間性」**「**実時間の相互作用性」**「**自己投射性」**の三つの要素をもつことが特徴として挙げられます．三次元の空間性は，VRゴーグルでの体験のように，VR空間が三次元的に存在すると感じるかになります．高い質感の3DCG表現や立体映像，立体音響はその例です．また，実時間の相互作用性は，VR空間内の人やモノとインタラクションが実現できるかになります．VR空間でドアを押して開けるように，自身の行為によって変化が生じるものがその例です．そして，自己投射性は，自分がその中に入り込んでいる感覚で，VR空間と自分自身が矛盾なくシームレスにつながり，自分が環境に入りこんでいると感じるかになります．VR空間のアバタを自分の身体と感じる感覚がその例です．理想的なVRシステムはこの3要素をすべて兼ね備えているとされています（図1.6）．

1.2.2●AR（拡張現実感）

　ARはaugmented realityの略で，拡張現実（感）と訳されます．ARは物理世界にバーチャル世界を重ね合わせて表示する技術を指します．VRで用いられるHMDでは視野全体を覆いますが，外部の物理世界をバーチャル世界と同時に見せるようにしたものがARになります．前節で紹介したダモクレスの剣はAR技術の原点ともいえます．ARという用語が最初に使われたのは1990年に当時ボーイング社の研究員だ

った Tom Caudell 氏らが作業支援ツールとして HMD を応用した研究を発表したときといわれています。また，計算機を装着する**ウェアラブルコンピューティング**（wearable computing）とも近い研究領域にあります。

AR には HMD を装着せずに，スマートフォンやタブレットの画面に重畳表示させるものも含みます。「ポケモン GO」などの多くのスマートフォンゲームで AR を使ったものが登場しています。

1.2.3●MR（複合現実感）

MR は mixed reality の略で，複合現実（感）と訳されます。MR の概念は 1994 年にカナダ・トロント大学の Paul Milgram 氏らによって提唱され，図 1.7 に示すようなバーチャル世界とリアル世界の連続体として VR や AR との関係を定義しました。右端を完全なバーチャルな世界としたときに，バーチャルな世界を拡張するように物理世界のものが使われる世界が **AV**（augmented virtuality），物理世界を拡張するようにバーチャル世界のものが使われる世界が AR という関係となります。MR を AR と AV を含んでいるものと定義しました。国内での MR 研究の拠点として，1999 年に国とキヤノン（株）の共同出資により，（株）エム・アール・システム研究所が設立されました。

近年では，MR と AR とをあまり区別せずに，AR/MR とまとめられるようになりました。前述の国際会議 ISMAR もその名称は Mixed and Augmented Reality となっています。さらに国際規格である ISO でも AR と MR は VR と同様に用語が定義されています（www.iso.org/obp）。しかし，Microsoft 社が HoloLens を発表した際にこれが MR デバイスであるとマーケティング用語として使用したことで，用語の使われ方が多様化し，不正確な定義で説明される例が増えました。「専用のゴーグルを装着するものを MR，スマホやタブレットを使うものを AR」や「デジタル情報に直接触れて操作することができる点が MR と AR の違い」といった表現もインターネット上の解説で見られますが，いずれも誤った解釈です。高校の「情報」の教科書でさえ誤った定義が掲載されていることもあり，問題は複雑です。バーチャルとリアルをつ

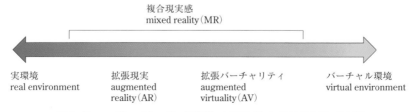

図 1.7　reality-virtuality 連続体（1994）における MR の定義

なぐものがMRというのが正確な定義といえます.

1.2.4●その他の関連する用語

　XR（extended reality；cross reality）という用語はVRやARなどの2文字目に「R」のつくものを総称するために造られた用語です. 当初はワイルドカードの意味で小文字のxが使われ, xRと表記されていました. 日本VR学会のようにMRやARなどを含むすべてをVRと総称する立場もありますが, XRは特定の技術を示す学術用語ではなく, ビジネスの分野を中心に「手垢のついていない」言葉として使われるようになりました. そのため, この用語自体が新しい概念を生んでいるわけではないので, 本書では固有名詞などを除いて用いません.

　ただし, 国際会議でもXRという用語が使われるのを目にするようになりました. 特にVRともARとも断定できないような, それら複数の特性を備えた場合に用いられることがあり, 今後定義を広げながら使われる可能性が残ります.

　XR以外にもSR（substitutional reality）やDR（diminished reality）といった用語も提案されていますが, 国際規格のISOで定義されているのは, 執筆時点でVR, AR, MRのみです.

1.3　メタバースの歴史

　メタバース（metaverse）という言葉の誕生はVRと深く関係しています. 「メタバース」は「スノウ・クラッシュ（Snow Crash）」という1992年に発売されたSF小説で最初に使われました. その作者のNeal Stephenson氏が2003年のReissue editionに書いたあとがきでは, 以下のように述べています.

"The words 'avatar' (in the sense used here) and 'Metaverse' are my inventions, which I came up with when I decided that existing words (such as 'virtual reality') were simply too awkward to use."（スノウ・クラッシュより引用）

　つまり, 既存の「バーチャルリアリティ」という言葉がtoo awkward（しっくりこない, 気に食わない）でそれを使いたくないがために「メタバース」や「アバタ」という言葉を発明した, と述べています. このことからもメタバースとVRの思想が元々同じ起源であることがわかります.

　SFの世界では「スノウ・クラッシュ」のほかに「Ready Player One」（2011年の小説, 2018年に映画化）でも描かれましたが, 2020年以前にはそれほどメジャーな用語ではありませんでした（図1.8）. 2021年にFacebookの創業者Mark Zuckerberg氏がソーシャルメディアの会社からメタバースの会社になると宣言したことがきっか

図 1.8 Ready Player One (2018)

図 1.9 Facebook が Meta 社（Meta Platforms, Inc.）
への社名を変更（2021）

けで，メタバースという言葉に光が当たるようになりました（図 1.9）．しかし，最
初にメタバース的なサービスが注目されたのは 2003 年の「セカンドライフ（Second
Life）」が登場したときに遡ります．

　セカンドライフは Linden Lab 社によって開発され，登場してすぐに多くの利用者
を集め，最大で 100 万人を越えるユーザが参加したといわれています．多くの民間企
業がセカンドライフに参加し，2006 年には雑誌 BusinessWeek の表紙をアバタ
Anshe Chung が飾りました（図 1.10）．また，独自の貨幣 Linden Dollars を発行し，
米国の通貨 US ドルと合法的に換金できたことも注目を集めました．一般的には「セ
カンドライフは失敗だった」といわれ，世界的にはそう捉えられていますが，2022
年現在でもアクティブユーザ数は 50 万人，常時同時接続数でも 2 万人近くいて，
GDP は年間 6 億ドルに上ります．ブームが異常だったがゆえに失敗の印象がありま
すが，ユーザ数や経済規模から見るとむしろ世界で最も成功しています．当時はまだ
十分高いスペックの PC をもっている利用者が少なかったということもあります．コ
ロナ禍を経て，オンラインの活動やアバタの使用に対する社会的許容度が変わったと

図 1.10　セカンドライフ（Second Life）

いうのもあります.

　また，セカンドライフ以前にも「Habitat」というビデオゲームが 1986 年に発売されています. **MMO**（多人数参加型オンラインゲーム）のはしりで，パソコン通信ベースながら，ユーザがアバタとなって互いに交流することができました. アバタでのコミュニケーション空間としては「アメーバピグ」（サイバーエージェント社）も国内で 2009 年に始まり，人気となりました. ゲームの分野では「ファイナルファンタジー XIV」（2010 年），「あつまれ　どうぶつの森」（2020 年）もメタバース的な交流を生み出したといえるでしょう. 米 Epic Games の「Fortnite」（2017 年）はプレイヤーどうしのバトルロイヤルゲーム（いわゆる大規模の乱戦で勝ち残りを目指すゲーム）として人気ですが，それとは別に独自のステージを作る機能を利用した交流も盛んです. ソーシャルプラットフォーム化（Party Royale）が進み，多くのオンラインライブも開催されるなど，バーチャルイベントのプラットフォームとしても期待されています. また，サンドボックスゲームである「Roblox」（2006 年）や「マインクラフト」（2009 年）は主たるクエストや目的はありませんが，自分でオリジナルゲームを制作して公開する **UGC**（user generated content）として大きく発展してきました（図 1.11）. Roblox ではユーザが Roblox 上でゲームを開発，配信してゲーム内の通貨を通して収益化でき，マインクラフトはブロックチェーン技術にも積極的に取り組んでいて，マインクラフト上にデジタル資産の導入や開発を進めているなど，サンドボックスゲーム内では経済圏が発生しています. このように MMO ではある「型」をもとにユーザにカスタマイズさせるメタバース的なサービスが生まれています.

　これとは異なる流れとして，VR SNS やソーシャル VR として人気を博している「VRChat」や「Cluster」，「NeosVR」，「Rec Room」などのさまざまなメタバースプラットフォームが存在しています（図 1.12）. これらはゲーム発展型と異なり，自分のアバタを使い回すことができることと HMD を用いた没入感の高さが差異として強

(a) Roblox

(b) マインクラフト

図1.11 サンドボックスゲーム

図1.12 ソーシャルVRサービス「VRChat」

調されています.

1.4 メタバースロードマップ

2021年10月のメタ社の発表以降,VRだけでなく,**NFT**(non-fungible token:**非代替性トークン**)や**Web3**といった,元々はメタバースと異なる技術や周辺領域からもメタバースに注目が集まり,その定義は用いられる分野ごとに異なる状況になりました.そのため,メタバースを考えるうえで,多様化した2021年以降のメタバースの定義を分類することも一つの方法ですが,それとは逆に,2021年以前にメタバースの未来を予測した文献から考えてみることもできます.

メタバースに関する未来予測の文書のうち,2007年に「A Metaverse Roadmap: Pathways to the 3D Web」と呼ばれる白書が公開されました.その中ではメタバースはバーチャル空間だけにとどまらず,物理世界の領域も含めて図1.13のような二つの軸で表現されています.このうち,縦軸は物理的な世界に対する意識の大きさを表し,前述のreality-virtuality連続体と考えることができます.横軸は自分を中心に

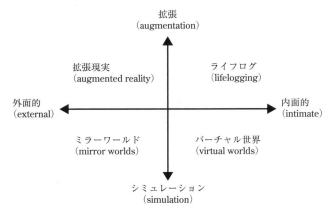

図 1.13　A Metaverse Roadmap（2007）から改変

みるか（intimate），外部の環境を中心にみるか（external）の軸になります．

　このロードマップのうち，VR 世界に関するものは第 4 象限のバーチャルワールド（virtual worlds）になり，ロードマップではセカンドライフが好例として挙げられていました．現在のサービスでは VRChat や Cluster が virtual worlds に該当します．次に，第 3 象限にあるミラーワールド（mirror worlds）は，Google マップのストリートビューのようなものです．現在はデジタルツインや，国土交通省が主導する日本全国の 3D 都市モデルの整備・オープンデータ化プロジェクトの Project PLATEAU などが該当します．第 2 象限にある augmented reality は拡張現実（感）で，物理世界の中でのメタバースとして描かれています．当時はセカイカメラや QR Code が代表例として挙げられていました．また，第 1 象限にあるライフログ（lifelogging）は，記録された個人の世界を表します．当時はブログや SNS が例として挙げられていました．2007 年は Apple 社から初代 iPhone が発売された年であることを考えても，高い精度で未来予測が成功しているといえるのではないでしょうか．

　メタバースロードマップはこの 4 象限を自由に行き来できること，相互に作用することを示唆しています．それぞれの象限間にまたがるような技術も多く存在し，象限間をどのように行き来するかにおいて重要な役割を果たします．

　これに対して，2021 年 10 月以降のメタバースの定義は多岐にわたります．起業家や投資家によるバズワード化もあり，雑誌 Forbes では Charlie Fink 氏が図 1.14 のように風刺するほど用語の使われ方が多様化しました．メタバースの定義の揺れの原因は，大きく分けて三つの系譜が存在することが挙げられます（図 1.15）．

　一つ目は MMO や SNS から派生した「オンラインコミュニティ系譜」です．この系譜ではオンラインでのコミュニケーションが重視され，自分の分身としてキャラク

2020	2021	2020	2021
Multiplayer game	Metaverse	E-commerce	Metaverse
Virtual Reality experience	Metaverse	Blockchain	Metaverse
Augmented Reality filter	Metaverse	Internet	Metaverse
5G Connection	Metaverse	Social Media	Metaverse
AR Cloud	Metaverse	Videocall	Metaverse
Digital Avatar	Metaverse	Porn	Metaverse
Digital Event	Metaverse	Potato	Metaverse
ML classifier	Metaverse		

図 1.14　スタートアップや技術専門誌で metaverse として使われた技術用語

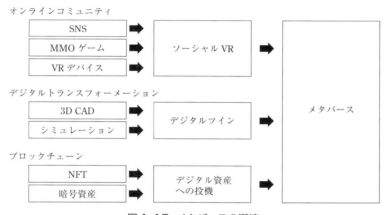

図 1.15　メタバースの潮流

ターやアバタを通じて，フレンドとの交流が行われます．複数のユーザが同じ空間を共有するため，社会性を伴うことが大きな特徴です．VR 空間に没入できる装置を必須とはしていませんが，身体性のあるコミュニケーションを実現するために VR を基礎技術と捉えています．

　二つ目は，シミュレーションなどのデジタルトランスフォーメーション（DX）から派生した「DX 系譜」です．この系譜では物理世界の見た目や機能を再現した 3DCG を基幹技術として捉え，物理世界の情報を IoT（internet of things）技術で取得し，AI などを用いて限りなく確度の高い予測をする技術が重視されます．再現する物理世界の現象は気候，交通，人流などマクロな挙動が中心ですが，よりミクロな人間の振る舞いを含める場合もあります．

　三つ目は，ブロックチェーン系から派生した「暗号経済系譜」です．デジタルコンテンツの経済ということで投機的な側面が強いです．元々メタバースとは別の技術で

あったNFTが，バーチャルオブジェクトなどのデジタルデータの真正性や所有権を証明できる新しいしくみであることから，それらを組み合わせることで新たなビジネスが創出できるのではないかと，多くの人々の興味を集めています．ただし，NFTやブロックチェーンの要素はメタバースに必須ではありません．将来的にメタバースとNFTの技術が融合する可能性はありえますが，現時点ではこの二つの技術は独立で，相互依存性はありません．

このように異なる立場からみたメタバースが多義的に存在し，それぞれの系譜の延長線上における定義が非常に難しいといえます．

1.5　メタバースとは

メタバースはSF小説「スノウ・クラッシュ」で登場した造語ですが，辞書的にはmetaはギリシャ語ではbeyond，afterを意味します．"-verse"はuniverse（宇宙）から来ているとされています．つまり，metaverseは「物理世界を超える世界」あるいは「物理世界の後に来る世界」のことを指します．

2010年に日本VR学会の編著で出版された書籍「バーチャルリアリティ学」（コロナ社）の中では，メタバースは「3次元シミュレーション空間をもつ」「自己投射性のためのオブジェクトアバタが存在する」「複数のアバタが同一の3次元空間を共有することができる」といった前述のVRの3要素を拡張したものに加えて，「空間内にオブジェクト（アイテム）を創造することができる」ことが特徴だと述べられています．

本書ではメタバースを「**多人数が同時にオンラインで社会的活動が可能な3Dバーチャル空間**」とする定義を支持します．多数のユーザが接続して参加できる空間で，同期体験を共有し，相互にコミュニケーションできます．社会的活動には経済活動を含む場合もあります．また，自己を投射するアバタは自由に変えられるものが望ましいといえます．

Web3（分散化）やブロックチェーンがメタバースと一緒に語られることがありますが，これらはメタバースとは別物です．つまり，メタバースが分散化する必要もなく，ブロックチェーンを採用する必要もありません．テレビ会議システムは二次元空間であることからメタバースではありません．MMORPGはゲームの運営会社が予め用意したコンテンツを楽しむもので，三次元空間のものもありますが，アバタのカスタマイズの自由度に制限があり，狭義にはメタバースではありません．しかし，メタバース的な要素を多分に含んでいます．

1.6 ソーシャル VR とメタバース

　オンラインコミュニティ系譜にあるソーシャル VR は，現時点で最もメタバースに近いものといえます．ソーシャル VR とは，ユーザどうしアバタを介して VR 空間上でコミュニケーションできるサービスのことで，さまざまな民間企業や団体によって運営されています．ソーシャル VR サービスには配信機能が充実したもの（たとえばバーチャルキャスト）や，イベントの機能が充実したもの（たとえば Cluster），ユーザがアバタや VR ワールドをカスタマイズできる自由度が高いもの（たとえば VRChat）など，それぞれ特徴があるものが存在します．ほとんどのサービスでは利用料金はかかりませんが，専用のアプリケーションをインストールする必要があります．そのため，OS によっては動作しないソーシャル VR サービスもあります．

　手軽に使えるソーシャル VR サービスの一つとして，オープンソースで開発された Mozilla Hubs があります．Hubs は Firefox や Thunderbird などのアプリケーションを開発および保守する Mozilla 社が提供する WebVR のプラットフォームで，特別なアプリケーションをインストールすることなく，一般的なブラウザ上で動作します．そのため，ブラウザの動作するスマホ，PC，VR 端末といったマルチデバイス環境で動作し，Web ベースであることから VR 空間内で PC 画面を共有できるといった特徴があります．

図 1.16　Web ブラウザで Hubs の世界を作る Spoke

　また，Hubs には VR 内のワールドである「シーン」をブラウザで作成できる「Spoke」というツールが無償で提供されています（図1.16）．Spoke を使えば，モデリングソフトを使わずに自分好みのワールドを作ることができます．さらに Hubs Cloud と呼ばれる独自ホスティングサービスのためのリソースが提供されていて，AWS（Amazon Web Service）のサーバで立ち上げることで，独自ドメインで運用したり，商用利用ができるようになったりします．一方で，アバタをアップロードすることはできますが，頭と胴体のみのアバタのような簡素なものしか利用できず，他のメタバースサービスと比べて細かいインタラクションはできないといった制約があります．また，同時に参加できるユーザ数が他のサービスと比べて少ないなどのデメリットもあります．ただし，オープンソースであるため，拡張性に長けており，ある程度の技術や知識があれば，自らコードを書くことで機能を追加できます．

1.7　デジタルツインとメタバース

　DX 系譜にあるデジタルツインは，物理世界の情報をデジタル上でまるで双子のようにそっくりに再現し，分析やシミュレーションなどを行うものです．デジタルツインは3段階に分けられ，まずは三次元空間にオブジェクトを再現した状態のデジタルモデル，続いて物理世界の情報をモニタリングして VR 世界（サイバー空間）に反映させた状態のデジタルシャドウ，さらにその状態から物理世界にフィードバックしたものがデジタルツインになります．メタバースは必ずしも物理世界と連動したサイバー空間である必要はありません．メタバースの中に，物理世界を再現したデジタルツインがあるという位置づけといえます．

1.8　NFT とメタバース

　暗号経済系譜にある NFT は，メタバースでの取組みを加速させるうえでは重要な技術要素の一つといえますが，メタバースの必須要件ではありません．NFT は代替不可能なトークン（デジタル資産）で，ブロックチェーン上で偽造ができない所有証明書を記録し，その証明書が唯一無二であることを証明する技術です．NFT の技術の詳細は省きますが，デジタルコンテンツの鑑定書のような役割をしています．

　NFT そのものは「所有していること」を証明するもので，デジタルコンテンツの著作権（copyright）を所有したことにはなりません．そのため，元のコンテンツの複製を禁止できるものではなく，著作権者が同一のコンテンツの複数版を作成して販売しても問題ではありません．また，著作権を所有していないので，購入者がコンテ

ンツの改変・複製やインターネット配信などを行うには著作権者の承諾が必要となります．さらに，他人のコンテンツであっても NFT が発行できてしまうため，紐づけられたデジタルコンテンツの作者が正規に発行しているのかを証明する機能がありません．メタバース内での 3D コンテンツに NFT を付与するという試みが盛んですが，これらを踏まえて向き合う必要があります．

　ブロックチェーン技術を基盤に構築されたブロックチェーンゲームでは，データの改ざん防止や膨大な処理の分散に優れたブロックチェーン技術が活用されています．The Sandbox や Decentraland と呼ばれるプロジェクトが有名で，NFT ゲームとも呼ばれます．The Sandbox ではゲーム内の土地が NFT となっており，それをゲームへの参加券のように利用しています．Decentraland は**非中央集権型自律分散組織**（**DAO**：decentralized autonomous organization）によるユーザ主導の運営体制のプラットフォームです．DAO の利点は，組織から中央集権性を取り除けることです．ゲーム内にある土地が高額で取引されたことが注目されましたが，現状では上記のソーシャル VR と比べてアクティブユーザ数は圧倒的に少ないことも報告されています．

1.9　アバタとメタバース

　アバタはソーシャル VR 空間の中で自分が投射される「分身」に相当します．ソーシャル VR サービスには無料でさまざまなアバタが用意されています．予め用意された顔のパーツや輪郭，髪型，体型を組み合わせて，アバタを自由にカスタマイズできます．一部のソーシャル VR サービスでは，予め用意されたものではなく，ハイクオリティのオリジナル 3D アバタを使うことができます．アバタは販売サイトから購入したり，3D モデラに作成を依頼したり，自分で作ったりすることも可能です．さらに，アニメ調やカートゥーン調ではなく，写真から写実的（フォトリアル）なアバタを作って利用することもできます．フォトリアルなモデルを作る方法として，**フォトグラメトリ**（photogrammetry）と呼ばれる手法があります．この手法では，被写体をさまざまなアングルから撮影し，その複数の画像を解析して立体的な 3DCG モデルを作成します．3D モデルにボーンと呼ばれる骨を入れ，それを動かすための機構（rig）を作成することを**リギング**と呼びます．リギングによってはじめてアバタとして動かせるようになり，モーションを再生できるようになります．また，3D モデルの頂点の形状を変形させることで，音声に合わせて口を動かしたり，自動で瞬目させたりといった設定もできます．アバタはキーボードやマウスで操作できますが，顔や体のトラッキング技術を使うことで，より自然な体の動きを反映させることができます．トラッキングについては 3 章で，アバタについては 4 章で詳説します．

　　SNSなどのアイコンの画像は個人を判別するときに用いられますが，自分の顔写真ではなく，キャラクターの画像が使われることがあります．これと同じように，アバタも必ずしも物理世界の外見，身長，性別などと一致させる必要はありません．さらにいえば，アバタは人間の姿をしている必要もありません．尻尾や翼を備えて操作できるアバタもあります．アバタはVR空間の中で，見た目としての役割だけでなく，身体性を拡張し，行動にも影響を及ぼすものとして機能します．

参考文献

- Sutherland, I. E.：The Ultimate Display, Proceedings of IFIP Congress, 506-508（1965）
- Milgram, P. and Kishino, F.：A Taxonomy of Mixed Reality Visual Displays. IEICE Transactions on Information and Systems, E77-D, 1321-1329（1994）
- https://www.metaverseroadmap.org/
- https://www.forbes.com/sites/charliefink/2021/07/29/this-week-in-xr-you-say-potato-i-say-metaverse/?sh=6fe5a8763558
- 舘暲，佐藤誠，廣瀬通孝　監修，日本バーチャルリアリティ学会　編集：バーチャルリアリティ学，コロナ社（2011）

2章

メタバース/VR を構成する基礎技術
〜感覚・提示〜

　バーチャルリアリティでは本来そこにないものを，そこに存在するものとして感じさせることになります．それを実現するためには，人間が現実をどのように認識しているかを知ることが必要となります．そして，どのような技術で実現するかを選択する必要があります．本章ではメタバース/VR の感覚運動インタフェースについて概観し，そのインタフェースの設計に必要な感覚特性と提示技術を解説します．

　VR はさまざまな感覚を人工的に創り出して，現実かのような世界を体験させる技術です．こうしたシステムを効率的かつ適切に設計開発し，実装するためには，人間の感覚に関する生理学的ならびに知覚心理学的な知識と理解が必要となります．人間の感覚器は物理的事象のすべてを検出できるわけではありません．たとえば，人間の視覚はおよそ 380〜780 nm の波長の電磁波，聴覚は空気の 20〜20 kHz の振動を検出していますが，これは限られた範囲を感知しているに過ぎません．この範囲に対して，適切に物理的，化学的，電気的といった形態で刺激を作り出す**感覚運動インタフェース**が設計され，開発されています．

　人間が感覚器官を介して受容した刺激によって獲得する感覚を「**感覚モダリティ（modality，様相）**」と呼び，その感覚モダリティごとに感覚体験が形成されます．感覚モダリティは受容器の存在する部位によって視覚，聴覚，前庭感覚，嗅覚，味覚といった特定の受容器によって生じる**特殊感覚**（special sensation），身体の表面や深部の受容器によって生じる**体性感覚**（somatic sensation），内臓に分布する自律神経系で生じる**内臓感覚**（visceral sensation）に分類されます．

　本章ではそれぞれに対する感覚インタフェースと，移動に関するインタフェース，複数の感覚や錯覚を使ったインタフェース，そして物理量と感覚量の関係について述べます．

2.1　視覚ディスプレイ

　ヒトの視覚系は眼の網膜で受容した刺激によって処理されます．映像を提示する位

置から網膜までの距離に応じて視覚ディスプレイを分類したものを図2.1に示します．眼球の網膜に直接レーザで投影する**網膜投影ディスプレイ**（retinal display），接眼光学系による**頭部搭載型ディスプレイ（HMD）**，スマートフォンの画面など手持ちのディスプレイや，プロジェクションマッピングのように実物体に映像を投影するものまでさまざまです．プロジェクタは環境に据え置くだけでなく，**頭部搭載型プロジェクタ（HMP）**のようにプロジェクタを装着することもあります．これらの多くはARの分野で研究が進められています．

2.1.1●視 覚 特 性

わたしたちは世界を眼で見ています．光は眼に入り，角膜や水晶体により屈折され，眼球の内側に広がっている薄い膜状の神経組織である**網膜**（retina）で焦点を結びます．眼はカメラに例えられることが多く，網膜はフィルム，レンズは角膜と水晶体，絞りは虹彩に相当します．

（1）奥行き知覚

網膜の形は球面状ですが，本質的には二次元的な面となります．そのため，三次元の世界の奥行きや深さといった距離に関して網膜の直接的な情報からはわかりません．しかし，ヒトはさまざまな手がかりをもとに奥行きを知覚することができます．この手がかりは，単眼視のみで得られる手がかりと両眼視の手がかりに分けられます．**両眼視の手がかり**には，両眼の網膜像の相違である**両眼視差**（binocular parallax），両眼が視対象に向かって寄り目になる**輻輳**（convergence）が挙げられます．

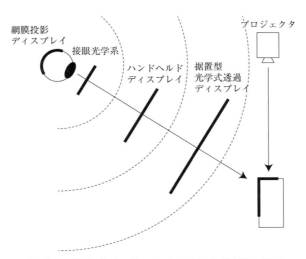

図2.1　視覚ディスプレイによる映像合成技術の分類

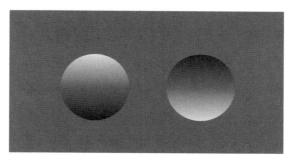

図2.2 陰影による形状の知覚. 左は凸, 右は凹に見える

　単眼視の手がかりには, 観察者と対象との相対運動によって生じる**単眼の運動視差**（motion parallax）, ピント合わせである**水晶体の焦点調節**（accommodation）などが挙げられます. 単眼視の手がかりは調節反射と運動視差以外のものは, **絵画的手がかり**とも呼ばれます. たとえば, 後方にあるものが手前のものによって重なる**遮へい**（occlusion）, 遠くのものが霞んでぼやけるような**空気遠近法**, 遠くのものほどテクスチャが細かく見える**肌理の勾配**（texture gradient）, 平行線が消失点に向けて収斂する**線遠近法**（perspective）など, 絵画でも用いられる表現が該当します.

　さらに陰影（shade）や物体によって**投影される影**（**キャストシャドウ**, cast shadow）は奥行きの手がかりとして有効に作用し, 物理世界にCG物体を重畳させて表示する際に重要です. 光源が移動すると影も変化します. つまり, 光源の位置が定まっていなければ, 形状が凹なのか凸なのか, いずれも理論的にはありえます. このように解を得るために必要な情報が得られていない問いは**不良設定問題**（ill-posed problem）と呼ばれます. しかし, ヒトは「上方に光源がある」という自然界でよくある状態を仮定することで曖昧性を解決します. 図2.2では左が凸で, 右が凹のように感じられますが, この本を逆さにして見ると逆の印象になります. また, キャストシャドウによる物体とその影が投影された面への影響の例が図2.3になります. この図ではいずれの球も同じ高さに描画されていますが, Aでは投影された影

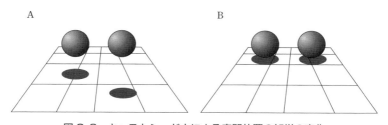

図2.3 キャストシャドウによる空間位置の知覚の変化

図 2.4　キャストシャドウを含んだモデルを AR 表示した例（Google）

の位置に応じて球が浮いているように感じ，さらにその高さが異なるように感じられ
ます．B では床面の上にあるように感じられます．物理世界の中に CG モデルを重畳
させる AR のアプリケーションでもキャストシャドウの表示はモデルが存在する場所
に関する手がかりを与え，その存在感を高めることから，キャストシャドウが一体と
なっているモデルもあります（図 2.4）．ただし，そうしたモデルでは簡略化のため，
光源が真上，床面が平面といった仮定がなされています．複雑な環境でも破綻のない
ような重畳方法にはさまざまなレンダリング手法が提案されており，これに関しては
3 章で詳説します．

　人間はこれらの奥行きに関する手がかりをもとに，網膜上に映る視覚像を三次元的
に再現しています．立体視の手かがりは図 2.5 のように距離に応じて感度が異なる
ことが知られています．奥行き知覚のための手がかりの中でも両眼立体視を実現する
ためには，左右の眼に異なる映像が表示される必要があります．左右の目に別々の映
像を提示する方法としては，メガネタイプのものを装着するものと，裸眼で立体視を
生み出すものがあります．さらに装着するメガネにディスプレイが組み込まれたもの
と，メガネにシャッタのような役割のみが組み込まれ，映像はそのシャッタと組み合
わせるものがあります．

　立体視は実際の立体を見る場合だけでなく，左右の眼にそれぞれ一定の規則に従っ
て異なる平面図形を見せた場合にも生じます．立体視では奥行き知覚の手がかりが有
効にはたらきますが，特に**両眼視差**（binocular parallax）が重要な役割を果たして
います．ヒトの左右の眼は約 65 mm 離れています．この距離は**瞳孔間距離**（IPD：

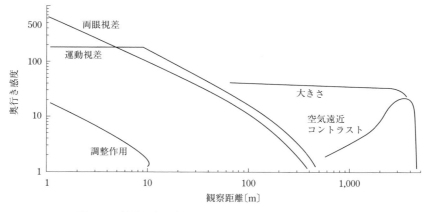

図2.5 観察距離に対する立体視の手がかりの奥行き感度

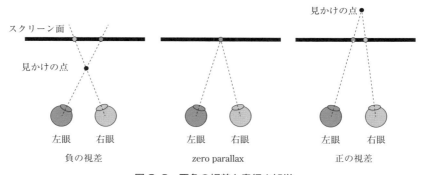

図2.6 正負の視差と奥行き知覚

interpupilar distance）と呼ばれ，より正確には左眼の瞳孔と右眼の瞳孔がどれくらい離れているのかを表す数値になります．IPD と，眼とスクリーン間の距離がわかれば，どの位置に像を表示したいかが求まります．

　視差に応じて，見かけの像の位置が異なります（図2.6）．たとえば，**正の視差**（positive parallax）ではスクリーン面の奥に，**負の視差**（negative parallax）ではスクリーン面の手前に見えます．負の視差ではスクリーン上では右眼の像は左眼の像の左，左眼の像は右眼の像の右というように，交差した位置になります．正の視差の最大値は IPD と等しい距離のときで，そのとき像は無限遠に見えることになります．負の視差の最大値は眼とスクリーン間の距離の半分となります．実際には寄り目にすれば，より柔軟に像の「飛び出し量」を大きくすることもできます．

　視差による立体視を実現するディスプレイでは，眼球から映像の提示面（たとえばスクリーン面）までの距離が一定であるため，焦点は提示面上に固定されます．この

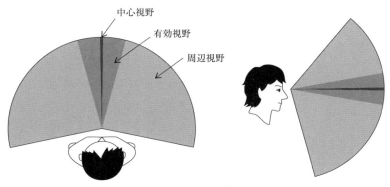

図2.7　ヒトの視野

とき，レンズの役割をしている水晶体が伸縮することで厚みが変化し，視対象にピントを合わせます．これを**水晶体調節**と呼びます．しかし，輻輳は提示される映像によって自由に変化するため，輻輳が示す注視点の距離と水晶体調節が示す距離との間に不一致が生じます．この現象は**輻輳調節矛盾**（**VA問題，** vergence-accommodation conflict）と呼ばれ，眼精疲労や奥行きの不自然さを引き起こし，**VR酔い**の原因の一つとされています．輻輳調節矛盾の解決には今もさまざまな手法が提案されています．たとえば，可変焦点のディスプレイを用いて，アイトラッキングで検出された輻輳の大きさに応じてスクリーン面の光学的距離を変えたり，レンズの曲率を動的に変化させたりする方法です．ほかにはピンホールやレンズを同一光軸上に並べたMaxwell光学系を用いて，水晶体の調節量によらずに網膜に明瞭な像を結ぶ手法を使うディスプレイが提案されています．

（2）視　野

　眼と頭を動かさずに見ることのできる範囲を**視野**と呼びます．ヒトの視野は概ね楕円形です．ヒトの視野角は両眼で水平200°，垂直125°程度といわれます．ただし，垂直方向では上方向が50°，下方向が75°といわれています．その中で，**有効視野**（functional visual field）と呼ばれる，一つの注視点の周辺で有効に情報を得られる範囲は，水平30°，垂直20°程度になります．さらに，**中心窩**（fovea）と呼ばれる視力が最も良い部分は網膜の黄斑部の中心に位置し，そこで得られる中心視野は水平で約2°とされています（図2.7）．ヒトの視覚では中心窩が特に発達しています．中心窩では錐体細胞が密に分布し，物体の色や形が処理されるため，眼球と頭部を動かして視対象が中心窩に入るようにしています．

　それに対して，**周辺視**（peripheral vision）は網膜の周辺部の領域で，低解像度の領域です．周辺視では，物体の色や形ではなく，物体の位置や運動などの視覚情報が

処理されます．この領域には杆体細胞が分布しています．

　静止している物体を見ているときでも眼球は常時，不随意に揺れ動いています．この眼の揺れは**固視微動**と呼ばれています．視覚の情報処理では，時間的に変化する信号を敏感に検出する反面，変化がない定常的な刺激に対しては順応し，すぐに感度を失ってしまいます．そのため，固視微動は末梢において視覚を維持するために必要不可欠な機能です．

　HMDでは視野角が装置のスペックとして表示されていますが，高い臨場感を生じさせるためには有効視野の外側，つまり周辺視まで提示できることが望ましいといえます．ただし，すべての表示領域で高解像度である必要はありません．周辺視は自分の運動している感覚を得るためには欠かせませんが，色や形状の情報は中心窩ほど必要ではありません．後述する自己運動感覚（ベクション）は周辺視の範囲で生じ，臨場感を感じるには80°以上の視野角が必要となりますが，110°程度で効果が飽和するといわれています．

2.1.2●頭部搭載型ディスプレイ（HMD）

　HMD（head-mounted display）は，頭部に装着して使用する接眼光学系の視覚ディスプレイです．ゴーグルのような形状やメガネのような形状が多いです．HMDには至近距離に設置された表示面に装着者の目が焦点を合わせられるように凸レンズがついています．一般にレンズを介した像にはさまざまな歪み（収差）が含まれます．そのため，広視野の映像を表示する際に生じる歪曲収差や色収差が問題として挙げられます．

　歪曲収差（distortion）といわれる幾何学的な歪みは，画像の中心付近と周辺部での画像の拡大倍率が異なるために生じます．そのため，像が歪まないようにさまざまな種類・形状のレンズを組み合わせる必要があります．凸レンズで対象物を見たとき，**糸巻き型**（pincushion distortion）というレンズ歪みが発生します．これを相殺するには凹レンズで生じる**樽型**（barrel distortion）のレンズ歪みを用います（図2.8）．歪みを低減させるために複数のレンズを使うと高価になり，ディスプレイも大きくなります．ほかにも**色収差**（chromatic aberration）があり，レンズ材料の分散が原因で発生し，像の色ずれとして表れます．色による屈折率の違いによるもので，周辺で発生する**倍率色収差**（**横収差**）と，光軸上でも発生する**軸上色収差**（**縦収差**）に分類されます．

　接眼光学系では，広視野で収差のないものを実現するのは難しいことが知られています．コンシューマ向けHMDでは低コストで実現するために，凸レンズは1枚のみで，ソフトウェアで歪曲収差を補正しています．つまり，図2.9のように画像生成

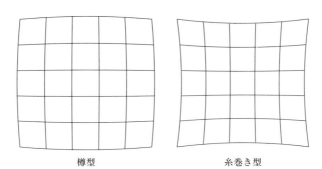

図2.8　レンズによって生じる歪曲収差

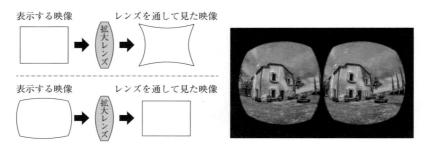

図2.9　画像処理とレンズによる補正

時に逆変換を施すことで，レンズ越しに見た映像が歪まないようにします．Oculus Rift ではこの手法を使い，当時スマートフォンの普及で安価になった液晶ディスプレイと組み合わせることで低価格で高性能の HMD の開発に成功しました．また，色収差に対しては，RGB ごとに色補正すればある程度は解消されます．

光軸中心から像位置の距離を**像高**（image height）と呼びます．図2.10のように理想像高を r'，実際の像高を r としたとき歪み（ディストーション）の大きさは，次式で像高に対する百分率として表されます．

$$\text{Distortion} = 100 \times (r - r') / r'$$

Distortion の値が像高に対してどのように変わっていくかを見ることで，レンズの特性を理解することができます．この Distortion と r の関係式は**ディストーション曲線**と呼ばれます．Distortion の値は樽型では負，糸巻き型では正となります．

こうした歪みを補正するためのモデルについて多数の研究がなされています．代表的なモデルは OpenCV 2.4 でも用いられている Brown らのモデルです．このモデルではレンズ歪みの主な原因である，**半径方向歪み**（radial distortion）と**円周方向歪み**（tangential distortion）の2種類の歪みを扱っています．画像平面上の点 (x, y) における半径方向歪みによる移動量 Δx_r，Δy_r は，高次多項式の偶数乗項を用いた次

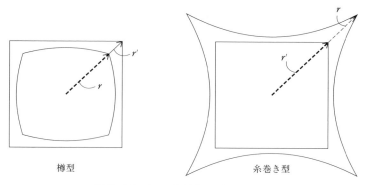

樽型　　　　　　　　　　　　糸巻き型

図2.10　レンズのディストーション

(https://developer.oculus.com/blog/how-does-oculus-link-work-the-architecture-pipeline-and-aadt-explained/)

の近似式で表されます.

　半径方向歪みはレンズの形状に起因する歪みです. 光軸中心を (c_x, c_y) として, 光軸中心からの像の位置を $\bar{r} = (\bar{x}, \bar{y}) = (x - c_x, y - c_y)$ とします. このとき, 歪んだ像の位置 $r_d = (x_d, y_d)$ は距離の2乗の多項式の展開で表せるとしたものが多項式モデルです.

$$r_d = (1 + k_1 r^2 + k_2 r^4 + k_3 r^6 + \cdots)\bar{r}$$

係数 $k_1, k_2, \ldots$ は半径方向歪み係数です. 実際には k_1 と k_2 の二つの係数だけ考えれば十分ですが, 広角レンズなどの歪みが大きい場合には k_3 を含めることがあります. なお, r は像高で, $r^2 = \bar{x}^2 + \bar{y}^2$ です.

　円周方向歪みは, レンズによる光学的な歪みではなく, レンズとフィルムが完全に並行ではない場合に生じ得る幾何学的な歪みが円周方向の歪みのことです. このとき, 歪んだ像の位置 r_d は $\Delta r_t = (\Delta x_t, \Delta y_t)$ として以下のように表せます.

$$r_d = \bar{r} + \Delta r_t$$
$$\Delta x_t = \{2p_1 \bar{x}\bar{y} + p_2(r^2 + 2\bar{x}^2)\}(1 + p_3 r^2 + \cdots)$$
$$\Delta y_t = \{p_1(r^2 + 2\bar{y}^2) + 2p_2 \bar{x}\bar{y}\}(1 + p_3 r^2 + \cdots)$$

係数 $p_1, p_2, \ldots$ は円周方向歪み係数です. 高次の項による影響は小さいとされ, この項の $p_3 r^2$ 以降を無視して以下のようにレンズ歪みモデルとして近似されます. 上記の2種類の歪みを合わせて点 $(\bar{x}, \bar{y})$ のレンズ歪みによって移動した位置 (x_d, y_d) を求めることができます.

$$r_d = (1 + k_1 r^2 + k_2 r^4)\bar{r} + \begin{bmatrix} 2p_1 \bar{x}\bar{y} + p_2(r^2 + 2\bar{x}^2) \\ p_1(r^2 + 2\bar{y}^2) + 2p_2 \bar{x}\bar{y} \end{bmatrix}$$

　カメラのキャリブレーションでは $(\bar{x}, \bar{y})$ と (x_d, y_d) の関係から, 係数 $(k_1, k_2, p_1,$

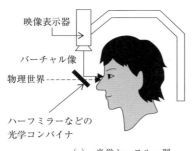

（a）　光学シースルー型

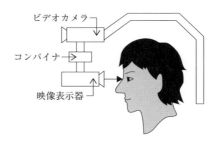

（b）　ビデオシースルー型

図2.11　光学シースルー型とビデオシースルー型（パススルー型）のHMD

p_2）を求めることになります．このように，完全没入型のHMDではレンズの歪みを元の映像で変形させて提示することができます．

　一方，ARで使われる視覚ディスプレイには多くの場合，物理世界に重畳表示できるような**透過型**（see-through HMD）のHMDを用います．これらは**スマートグラス**や**ARグラス**と呼ばれることもあります．物理世界の見えを取り込むために，光学的にあるいはビデオカメラで透過させます．それぞれ，光学シースルー型やビデオシースルー型（パススルー型）と呼ばれます．

（1）光学シースルー型（光学透過型）

　光学シースルー型ディスプレイ（optical see-through HMD）とは，レンズ越しに自分の周囲にある景色と，プリズムやハーフミラー（半透明鏡）などの光学系を用いて電子的なディスプレイの映像とを重ねるディスプレイです（図2.11）．ミラー越しに透けて見える物理世界に，液晶画面などの映像を重ね合わせます．物理世界の動きと重畳される映像との間には数msから数十msの範囲で表示の遅延が生じます．そのため，頭部や目線を動かすと本来表示したい位置からずれて表示されるため，HMD装着者に違和感が発生することがあります．また，光学系の技術的な制約により視野角が狭く，輝度が下がってしまうこと，映像が半透明な像として物理世界上で重なること，黒色表示が技術的に難しいことが課題です．

　ほかにも網膜上に直接レーザで描画する**網膜投影型**（virtual retinal display）もあります．RGBのレーザ光出力の強度をそれぞれ変調し，光軸を揃えて1本の光ビームとして網膜に直接照射します．物理世界の光景に記号や文字や簡単な線画を重ね合わせることができます．網膜上にレーザを当てて網膜の上に直接像を結ぶため，近視や遠視，老眼などの視力調節能力低下の影響を受けにくいことが特徴です．

　光学シースルー型（あるいは網膜投影型）で問題となるのは遮へい問題です．たとえば自分の手がバーチャル物体の前に来たらその物体の一部が隠れて見えなくなった

り，逆にバーチャル物体によって自分の手が見えなくなったりしなければいけません．しかし，接眼あるいは網膜に投影されるため，実物体でバーチャル物体を隠すことができません．そのため，カメラで実物体を撮影し，投影されるバーチャル物体を描き直すなどして，正しい遮へい関係にする必要があります．

（2）ビデオシースルー型（ビデオ透過型）

　　ビデオシースルー型ディスプレイ（video see-through HMD）は完全没入型と光学シースルー型の中間的な位置付けとなります．基本的な設計は完全没入型の HMD と同じですが，HMD の正面に設置されたカメラで物理世界の景色を撮影し，そこにコンピュータで生成したデジタル情報を重畳表示させます（図2.11）．近年は**パススルー**（pass through）とも呼ばれます．この方法では，画素単位で正しい遮へい関係が実現できます．

　　ビデオシースルー型は肉眼による映像の視認と異なり，ビデオカメラで撮影した映像にデジタルコンテンツを合成して，リアルタイムで表示させています．そのため，その処理時間分だけ表示にタイムラグが発生しますが，カメラ映像の表示タイミングを調整することで，遅延を感じにくくさせることができます．また，光学式シースルー型と異なり，カメラの光軸と HMD 装着者の視線方向は完全に一致しません．そのため，HMD の高解像度化が進むと光軸とのずれに気付きやすくなります．違和感が少なくなるようなカメラの配置や，光軸がずれないような頭部への固定が必要となります．

　　視野が CG 映像ですべて覆われるようなビデオシースルー型 HMD では，**ガーディアンやシャペロン境界**と呼ばれる，安全な VR 体験のためにユーザがプレイエリアを指定できるしくみがあります．周囲の様子が見えないと，気がつかないうちに物理世界の障害物に近づいてしまうことがあります．そこで，プレイエリアの端に近づいたときに境界線が表示されたり，外界表示に切り替わったりすることで危険を回避することができるようになります．

（3）頭部搭載型プロジェクタ（HMP）

　　頭部にプロジェクタを搭載し，常に視線の先に映像を表示させる**頭部搭載型プロジェクタ（HMP）**という方法があります．HMP では実物体に映像が投影されるため，HMD で生じる輻輳調節矛盾が生じないといった特徴があります．特殊な光学系が不要で，映像どうしのクロストークが発生しないといった利点があります．

　　HMP では投影対象となる物体を選択する際に，**再帰性反射材**と呼ばれる，光が入射した方向に光を反射する素材との相性が良いことが知られています．プロジェクタから投光された光を効率よく観察位置に集光させることが可能で，高輝度な投影を実現できるためです．再帰性反射材はガラスビーズやプリズムによって実現されます

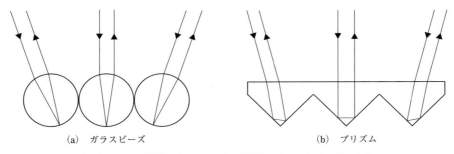

(a)　ガラスビーズ　　　　　　　　　　(b)　プリズム

図2.12　再帰性反射の仕組み．ガラスビーズとプリズムの例

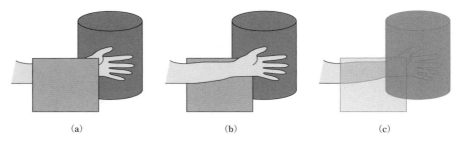

(a)　　　　　　　　　(b)　　　　　　　　(c)

図2.13　奥行きのあるバーチャル物体が表示されたときの（a）理想的な遮へい関係．
（b）IPT と（c）光学シースルー HMD で表示したときの典型的な見え

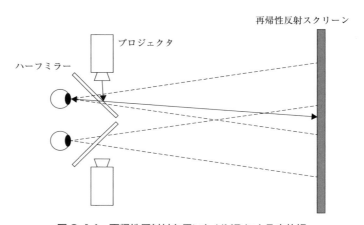

図2.14　再帰性反射材を用いた HMP による立体視

（図2.12）．さらに，再帰性反射機能のない対象には映らないため，実物体や手の
形状の画像認識などを行わなくても画像とその手前の物体との遮へい関係を自然に見
せることが可能となります（図2.13）．また，2台のプロジェクタを用いることで
両眼立体視も原理的には可能です（図2.14）．

2.1.3●没入型ディスプレイ

没入型ディスプレイ技術（**IPT**：immersive projection technology）とは視野をカバーするような大きなスクリーンを用いる方式です．一般的には，複数のスクリーンでユーザの全方位を囲い，高精細の立体視プロジェクタを用いて広視野の映像を作り出します．IPTは，イリノイ大学が1993年に発表した**CAVE**（Cave Automatic Virtual Environment）と呼ばれるシステムの登場により注目を集めました．小部屋のような空間の正面，左右，床面の4面に映像を投影することで，広視野の立体視映像を作り出し，没入感を高めています（図2.15）．一般的なプロジェクタでは観察するユーザと同じ側にプロジェクタを置いて映像をスクリーンに投影する前面投影となりますが，ユーザがスクリーンに近づくと投影光を遮るため，影が生じます．そのため，スクリーンの裏側から投影する背面投影で解決することができ，CAVEでも採用されました．ただし，背面投影ではバックヤードが必要となります．

CAVE内の体験者は液晶シャッタ式のメガネを使用することでプロジェクタから投影される立体視映像を見ることができます．体験者の視点位置は磁気センサによって計測され，常に体験者の視点位置から見た映像となるように描画されます．厳密に正しい視点からの映像ではありませんが，同時に複数人での視聴も可能となります．さらなる広視野角を実現するために，CAVE型ディスプレイはその後，天井を追加して5面に拡張した**CABIN**が1998年に東京大学で，また6面に拡張した**COSMOS**が岐阜県テクノプラザでそれぞれ開発されました[#1]．プロジェクタとスクリーンの間に

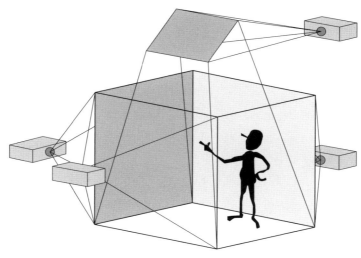

図2.15　CAVEシステムの概要

図2.16　CABIN（東京大学）

体験者の影が生じないように投影する場合，あるいは床面への投影を下から行う場合にはプロジェクタの配置やスクリーンに工夫が必要となります．東京大学の CABIN では床面を強化ガラスにしたスクリーンが採用され，すべてスクリーンの裏面から映像を投影することで影を生じさせないようにしています（図2.16）．他のシステムでは強化ガラスではなくアクリル板が採用される例もあります．

　IPT では複数のプロジェクタが用いられますが，スクリーンの配置はさまざまなものが実装されています（図2.17）．スクリーン枚数を増加させることで広視野となりますが，スクリーンの配置ごとに多人数に対する高解像度の映像提示が優先されたり，囲い込みによる没入効果が優先されたりといった違いがあります．

　多面型のスクリーンではスクリーン境界でスクリーン面の角度が急激に変化するため，直線が折れ曲がって見えたり，輝度が変化したりするため映像に不自然さが生じます．また，斜めスクリーンに対しては，等距離の物体でも等距離のものと感じにくいことが報告されています．これらに対して曲面スクリーンでは利用者とスクリーンの位置関係が均等に保てるため，スクリーン間で継ぎ目の少ない映像を提示することができます．一方，曲面のため，背面投影が可能な曲面スクリーンの製作が難しいこと，映像をレンダリングする際に平面スクリーン用のレンダリング出力をそのまま使用すると映像が歪むことが問題となります．そのため，テクスチャマッピングによって正しい映像に見えるように歪み補正を行う必要があります．

　また，プロジェクタではなく，LED パネルを用いて IPT を構成することも可能で

#1（前頁注）　CAVE，CABIN，COSMOS と文字数が面の数になっています．

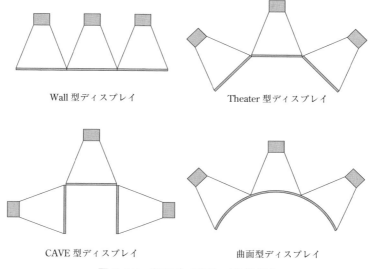

Wall 型ディスプレイ　　　　Theater 型ディスプレイ

CAVE 型ディスプレイ　　　　曲面型ディスプレイ

図 2.17　多面ディスプレイの構成例

す．LED パネルはパネルそのものが光る自発光デバイスであるため，明るい場所でも利用できます．ただし，LED パネルの形状に制約があるため，自由な形状のディスプレイを作ることは難しく，大画面にするには多数のパネルが必要でコストが大きくなります．

　黎明期の VR システムでは HMD よりも IPT が広く用いられていました．その理由として，黎明期の HMD では視野角が狭く，大きな頭部運動によって映像が画面の外に見切れた（フレームアウトした）際に描画速度が間に合わず，映像が遅延したような表示になる問題を挙げることができます．HMD ではレンズが介在するため，図 2.7 のような人間の視野を覆うことは技術的な困難が伴います．これに対して，IPT は表示領域が広くフレームアウトしにくいこと，当時は IPT のセンサの方が頭部方向検出の時間遅れの影響が少なかったことが，IPT が採用された理由といわれています（図 2.18）．2016 年以降の HMD では 90° 程度の視野角が主流になり，StarVR 社が 2018 年に視野角が 210° の StarVR One を発表するなど，広視野化が進んでいます．また，頭部姿勢センサ性能の向上，事前にフレーム外の描画を準備してフレームアウトしてもすぐに切り替えるといったレンダリング方式の採用によってこうした問題が解決され，安価な HMD が盛り返しています．

2.1.4●メガネ式立体視ディスプレイ

　左右の眼に異なる映像を表示するために，ディスプレイを据え置き，特殊な「メガ

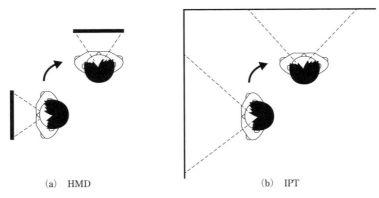

(a) HMD   (b) IPT

図2.18 HMD と IPT の表示領域の比較

図2.19 アナグリフ方式の赤青メガネ

ネ」を使って目に入る光を制御する方法が提案されています．3D 映画などでも用いられている **3D メガネ** がその代表例です．3D メガネを用いた立体視にはパッシブレンズ方式とアクティブシャッタ方式があり，電源内蔵の有無で分類されています．

パッシブレンズ方式 は古くから両眼視差による立体視を行おうという試みで採用されてきました．19 世紀には赤青メガネを使う **アナグリフ方式**（anaglyph）で実現されました．一般に右目が青色，左目が赤色のメガネをかける方式です（図2.19）．赤色と青色で同じ紙に視差のある絵を描き，提示する立体画像は，右目用は赤色で描画した画像，左目用画像は青色で描画し，左右の眼にはそれぞれの画像のみが見えるようにします．立体画像の制作が容易で，3D メガネは左右の眼に赤青のセロファンを貼り付けるだけで作れます．左右のフィルタの色の組合せは，赤とシアン，マゼンダと緑など，補色関係の色が使われます．アナグリフ方式は安価で実現が可能ですが，得られる立体コンテンツの色彩が失われてしまうことが欠点です．

偏光フィルタ（polarized light filter）はアナグリフに次いで，3D 映画で使われる

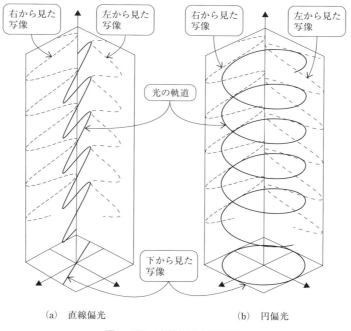

（a） 直線偏光　　　　　　　　（b） 円偏光

図 2.20　直線偏光と円偏光

ようになった技術です．光は波動で，あらゆる方向に振動していますが，特定の方向
の波をもった光だけを透過させるのが偏光フィルタです．偏光フィルタを通した画像
は色が犠牲になりません．偏光フィルタには直線偏光と円偏光があります（図
2.20）．**直線偏光**では直交した偏光方向のフィルタを使って左右の像の分離を行い
ます．具体的には，右目には右に 45° 傾けたフィルタ，左目には左に 45° 傾けたフィ
ルタを使ったメガネをかけ，2 台のプロジェクタの前にそれぞれの目に合わせたフィ
ルタを置き，左右の画像を分離します．**円偏光**では右回り偏光と左回り偏光があり，
それを使って左右の像の分離を行います．あるいは 1 枚のディスプレイに別方向の軸
の偏光フィルタが交互に取り付けられたものを置き，ラインごとに異なる映像を表示
し，左右の画像に分離する方法もあります（図 2.21）．ただし，空間の解像度は元
のディスプレイの半分になります．また，交互に並んだ偏光フィルタと映像の列の位
置を高い精度で合わせる必要があります．

　透過率や価格の観点で直線偏光式が用いられることが多いですが，視聴者の首の角
度が大きく変動する乗り物と組み合わせるアトラクションなどでは円偏光式が使用さ
れています．また，偏光方式は，後述するアクティブシャッタグラス方式と比較して，
明るい 3D 映像が得やすいといった特徴があります．

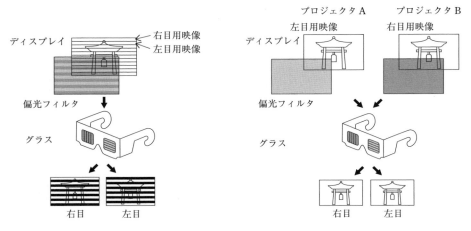

(a) 1台のディスプレイを分割する方法　　　(b) 2台のプロジェクタを使う方法

図2.21　偏光フィルタによるパッシブレンズ方式

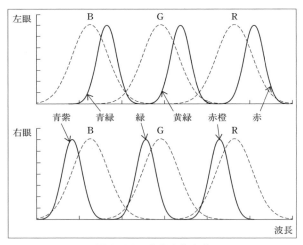

図2.22　分光立体方式

　　分光立体方式は，左目用と右目用で主要の色帯域が異なるように分離する方法です．**波長分割フィルタ方式**や **Infitec 3D** とも呼ばれ，典型的な RGB の三つの帯域をさらに長波長側と短波長側に分けて，「赤」「赤橙」「黄緑」「緑」「青緑」「青紫」のように六つの帯域に分けます（図2.22）．このうち，「赤」「黄緑」「青緑」を左眼のフィルタが通し，「赤橙」「緑」「青紫」を右眼のフィルタが通すようにします．このように波長分光し，波長分光フィルタメガネをかけることによって，左右の眼に別々の映像を見せます．左右固有の色周波数に正確に調整された**フィルタレンズ**

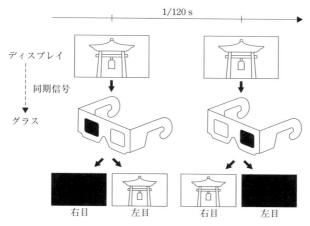

図 2.23　アクティブシャッタグラス方式

（**ダイクロイックフィルタ**）を用いるため，色再現性が高いことが特徴です．ただし，円偏光などの偏光フィルタと比較するとダイクロイックフィルタは非常に高価です．

　　アクティブシャッタグラス（active shutter glasses）**方式**は液晶パネルをシャッタとして用いて片目ずつ別の映像を見せる方式で，そのシャッタを高速駆動し，時分割表示する方式です．アクティブシャッタグラス方式は他の 3D メガネと異なり，電源が必要となります．左右の液晶シャッタのうち一方が必ず閉じていて，その開閉タイミングを表示側と同期させます．この同期は 3D エミッタなどと呼ばれる装置で行われ，同期信号に赤外線が用いられることが一般的です（図 2.23）．表示装置側はコンテンツで左右対応の表示を行えばよいため，映写機が 1 台しかない劇場の 3D 映画で使われています．欠点としてはフレームレートが半分になることと，シャッタの開閉に対してちらつき（フリッカ）を感じる人がいることです．また，液晶シャッタや画像と同期するしくみを備えたメガネが高コストであることや，同期信号の標準化が進んでいないため複数の規格があり，規格によって 3D メガネが異なるという問題もあります．また，左右の映像が一瞬だけ同時に表示されてしまう**クロストーク**という現象も生じることがあります．

2.1.5●裸眼立体視ディスプレイ

　メガネ型では光学フィルタによって左右の映像を分離することができますが，メガネを用いずに裸眼で立体視を実現する方法も提案されています．左右の目で異なる映像を届けるために，裸眼立体視では左眼用と右眼用の「視点」を空間に設定すること

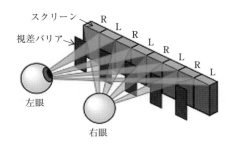
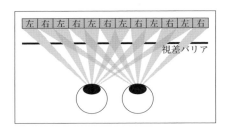
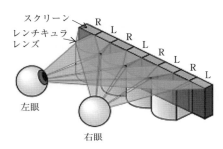
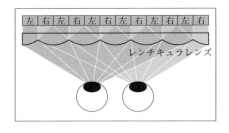

図 2.24　レンチキュラレンズと視差バリアによる 2 視点の映像分離

で左右の映像に分離します．そのため，立体の映像が観察できる位置に制限があります．

　裸眼立体視のためには，通常のディスプレイに「**レンチキュラレンズ**（lenticular lens）」と呼ばれるかまぼこ状のレンズや，「**視差バリア（パララックスバリア**, parallax barrier）」と呼ばれる縦縞の縦格子（アパーチャグリル）の遮へい板を重ねることによって，一つの画面で左目と右目に異なる映像を見せるようにしたものが用いられます（図 2.24）．いずれも二つの画像を縞状にしたものを用意し，左目用の映像と右目用の映像を交互に表示し，レンチキュラレンズや視差バリアを通して見ることによって，左目には左目用の画像だけ，右目には右目用の画像だけが見えるようになります．いずれの方式でもフレームレートは通常の 2 D 表示と同等になりますが，左右の画面解像度（空間解像度）は半分になります．

　視差バリア方式は単純な遮へい板と穴（または溝）といった比較的ローコストで実現でき，家庭用ゲーム機のニンテンドー 3DS に使われています．しかし，表示面の半分以上が遮へい板に遮られて黒色となり見た目の明るさが半分以下になることが欠点です．

　レンチキュラレンズ方式は，レンチキュラレンズを用いることで左右の画素の光を最大限に観察者の視点へと振り向けるようにしたものです．そのため，視差バリア方

式よりも明るいことが特徴です．レンチキュラレンズ方式では，レンズの下に左右の
2視点の映像を交互に並べる必要があり，高精度の位置合わせが要求されます．

2.1.6●波面再生ディスプレイ

　三次元の空間情報を二次元像上に保存する技術を**ホログラフィ**，その像を**ホログラ
ム**（hologram）といいます．一般的な二次元の画像（たとえば写真）には光の強
度情報（明るさ）のみが保存されますが，ホログラムではさらに光の位相情報も保存
されます．そのため，ホログラムを見る観察者の位置によって異なる向きから見た物
体像を観察することができ，再生された物体の像は立体的に見えます．ホログラフィ
は理想的な立体表示方法といわれています．ホログラムは紙幣の偽造防止などにも用
いられています．

　光線により空間像を再現する**インテグラル方式**は，1904年に考案された**インテ
グラルフォトグラフィ**（IP：integral photography）を基本原理としています．イン
テグラルフォトグラフィ方式は，被写体から出る光の波面をすべて取得・再生するこ
とにより立体映像を映し出す**波面再生ディスプレイ**で，同時に複数の観察者に立体
画像を提示することができたり，観察者が顔を横に向けても立体視ができたりする点
が大きな特長です．**ライトフィールドディスプレイ**（light field display）などと呼
ばれることもあります．ホログラフィは光の回折や干渉を利用して記録・再生します
が，インテグラルフォトグラフィは光学系による光の結像で記録・再生します．

　光線情報の記録や再生には複数のレンズで構成された**レンズアレイ**を用います
（図2.25）．レンズアレイの各レンズを通して被写体を撮影することで，複数の角
度から記録した小さな被写体の像が記録されます．光線の記録時では，記録媒体の前
面にレンズアレイを置き，記録媒体とレンズアレイの間の距離を各レンズの焦点距離

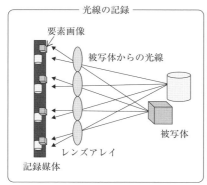
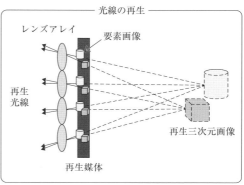

図2.25　インテグラルフォトグラフィにおける光線の記録と再生

と等しくなるように配置します．各レンズで形成された画像が要素画像として記録されます．一方，光線の再生時では，撮影時と同一の配列のレンズアレイを使います．このとき，記録された要素画像をそのまま表示すると奥行きが反転した像が生成されるため，記録された要素画像を180°反転させ，レンズの焦点距離の位置に配置されたレンズアレイを介して再生します．これによって記録時と同じ光線が再現されることになり，被写体の存在していた位置の空中にその像が形成されます．

2.1.7●体積表示型ディスプレイ

　体積表示型ディスプレイ（volumetric display）は，回転などの物理的なメカニズムによって光の点を実際の空間内に展開して表示するものです．体積表示型ディスプレイでは，画素の代わりに**ボクセル**（voxel）と呼ばれる三次元的な要素を利用することが一般的です．物理的に空間に配置された三次元の光点に表示されるため，複数の観察者に対しても裸眼で，同時に正しい視差情報を与えることができ，自然な立体視ができることが特徴です．

　体積表示型はLEDアレイやスクリーン，ディスプレイ平面を高速に回転させることで残像を発生させ，立体像を作り出します．回転体自体が発光する場合，電源の供給や制御信号などが複雑になります．無限回転しながら接続できる回転コネクタであるスリップリングなどを用いることが考えられますが，映像表示のためには高速回転させる必要があることに注意が必要です．そのため，回転体を平板スクリーンとし，図2.26（a）のように外部から投影するものがあります．ただし，投影される映像も回転させる必要があり，光学系が複雑になります．そのため，図2.26（b）のように，スクリーンの形状を工夫して一方向からの投影で実現して光学系を簡略化する方法もあります．さらに回転ではなく，並進方向にスクリーンを移動させる方法もあります（図2.26（c））．並進方式を正面から見る場合は回転させる方式と異なり，スクリーンが側面を見せることがないため，像の欠けがないことが特徴ですが，並進で高速に移動させる機構は大型化が難しいといった制約もあります．また，DLP方式のプロジェクタで投影する場合では，3原色の像が重ならず，**カラーブレイキング**と呼ばれる乱れが生じることがあります．

　また，スクリーンを動かすのではなく，積層された液晶パネルの透過性を切り替える方式があります．**DepthCube**はその代表例で，ディスプレイ自体に奥行きがある構造になっていて，スクリーンの役割をする散乱性の液晶パネルが20枚並び，背面からDLPプロジェクタで投影します．液晶パネルの透過状態と散乱状態を高速に切り替え，20枚のうち常時1枚だけ液晶シャッタが閉じて散乱状態にすることで，奥行きの異なる位置に画像が投影されます．

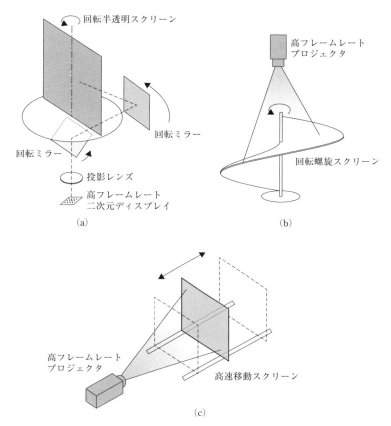

回転半透明スクリーン

回転ミラー

回転ミラー

投影レンズ

高フレームレート
二次元ディスプレイ

(a)

高フレームレート
プロジェクタ

回転螺旋スクリーン

(b)

高フレームレート
プロジェクタ

高速移動スクリーン

(c)

図 2.26　スクリーンの走査による体積表示型ディスプレイ

　レーザによる空気のプラズマ発光を利用したディスプレイも立体形状を表示できます．レーザ光線を収束させた焦点において空気中の酸素や窒素がプラズマ化して発光する現象を利用して画像を三次元的に描画します．現時点では，レーザを用いたものでは単純な図形を単色表示するにとどまっています．

　また，空中の霧や煙，水滴に映像を投影するディスプレイの研究も進んでいます．スクリーンとなる粒子に直接触れることができ，大規模な空中映像を投影するのに適しています．ただし，粒子の密度が均一ではないため，輝度や空間解像度はあまり高くありません．

　高輝度な LED を搭載した小型のドローンを大量に飛行させて，それぞれのドローンをボクセルとして用いることで，空間に三次元映像を表示する方法もあります．ドローンの高い機動性を活かして，夜空に動きのある立体物を描くことができます．このような用途で用いられるドローンの位置情報は一般的な GPS の位置情報ではなく，

RTK（real time kinematics）機能のある RTK-GNSS が採用されています．RTK は，地上に設置した基準局からの位置情報データによって，高い精度の測位を実現する技術です．GNSS（global navigation satellite system）は，米国の GPS，日本の準天頂衛星，中国の北斗，ロシアの GLONASS，欧州連合の Galileo などの衛星測位の総称です．RTK-GNSS では誤差数 cm 以内で測位することができます．2021 年に開催された東京五輪開会式のドローンパフォーマンスでは 1,800 台以上ドローンが使用されました．2022 年末時点で 5,000 台以上が使われたドローンショーが最大機体数とされています．上空およそ 100 m で，幅や奥行きが数十 m から 100 m 程度の飛行領域がディスプレイサイズになります．

2.2　聴覚ディスプレイ

2.2.1●聴覚受容器と神経系

わたしたちは世界の音を耳で聴いています．外界の音は耳の穴（外耳孔）から入って鼓膜を振動させます．中耳でその振動を増幅しながら内耳に伝え，内耳で振動を電気信号に変換して脳に伝え，それを脳神経系で処理することで「聴く」ことが実現されます．振動を拾う器官は鼓膜になりますが，鼓膜に届く音は，直接届く音だけでなく，耳や肩で反射した音も含んでいます．

耳の構造を図 2.27 に示します．耳の穴から鼓膜までを**外耳**（external ear）と呼

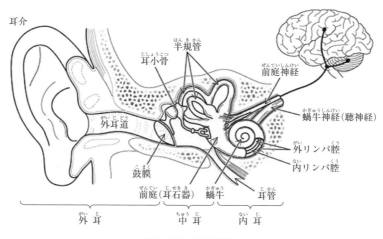

図 2.27　耳の構造

びます．いわゆる耳の部分は，**耳介**（pinna）と呼ばれ，集音のはたらきをしています．

中耳（middle ear）は鼓膜よりも奥の部分で，通気口である耳管などからなります．**鼓膜**には，鼓膜に近い側からツチ骨，キヌタ骨，アブミ骨という三つの耳小骨がつながっています．鼓膜が振動すると，鼓膜に付着している耳小骨を経由して内耳に伝わります．このとき，テコの原理で鼓膜の振動を 3 倍近くに増幅して内耳に伝えています．

内耳（inner ear）は聴覚をつかさどる**蝸牛**（cochlea）と平衡感覚をつかさどる**前庭**（vestibular）と半規管などで構成されています．蝸牛は，音を感じ取る役割を担っており，管（蝸牛管）がかたつむりの殻のように巻かれた形をしています．蝸牛の中にはリンパ液が入っており，蝸牛管の中には**基底膜**（basilar membrane）があり，その上には音の一次受容器である**有毛細胞**（hair cell）が規則正しく並んでいます．基底膜は奥に行くほど幅が広く柔らかくなっているため，それぞれの有毛細胞の位置によって，担当する音の高さ，つまり固有振動数が異なります．蝸牛の入口周辺の有毛細胞が一番高い周波数の約 20 kHz に対応し，奥に向かうにつれて低くなっていき，最も奥の有毛細胞は数十 Hz の低い周波数の音に対応しています．このように，基底膜の機械的な構造によって時間周波数解析に相当する処理が行われています．なお，鼓膜を振動させて伝わる音を**気導音**と呼び，頭蓋骨を振動が伝わり直接蝸牛や聴神経に伝わる音を**骨導音**と呼びます．骨導音は鼓膜を介しません．

有毛細胞によって変換された音情報は，**蝸牛神経**（聴神経）を通じて大脳皮質の側頭葉にある**聴覚皮質**に伝わります．

2.2.2●音の知覚の特性

人間の聴覚が聴くことができる周波数帯域（可聴域）は概ね 20 Hz から 20 kHz です．可聴領域の中でも，人間が聞きとりやすい周波数帯は 2 kHz から 4 kHz の音になります．この周波数帯には，赤ちゃんの泣き声や女性の悲鳴などの音が含まれ，家電の警告音もこの周波数帯の音を採用しています．ただし，加齢によって可聴域が狭くなり，高周波の聴力から先に失われていく傾向にあります．

音は空気（あるいは水などの媒質）の振動として伝えられます．骨伝導のように直接到達するものもあります．聴覚系ではその振動を引き起こしている音源を同定し，その位置などを推定しています．しかし，予め音源がわからない場合に推定することはできないため，一般に音源定位や音源分離の問題は不良設定問題となります．そこで，音源が異なると音の鳴り始め（onset）や鳴り終わり（offset）が一致しないことや，その音源の周波数帯域が完全に一致しないことなどの経験によって得られた制約

条件を使って，音の時間特徴や，周波数帯域の差から同一の音源に由来するものかなどの推定に使っていると考えられています．このように音をいくつかの意味のあるグループ（音脈）に分離することを**音脈分凝**（auditory stream segregation）と呼びます．たとえば，高い音と低い音が交互に鳴る音の時系列に対して，音の間の時間間隔がそれほど短くなければ，音の高さが上下するひとかたまりの音の列として聴こえます．しかし，その時間間隔が短い場合，高い音の列と低い音の列に分離して聴こえることがあります．このような課題を用いて音脈分凝のメカニズムが調べられています．

また，**カクテルパーティ効果**は，複雑な音響環境から特定の音の知覚的まとまりを抽出できる能力です．喧騒の中でも特定の声を分離することができます．さらに，これまで聴こうとしていなかった喧騒の中で自分の名前や関心がある言葉が登場するとそれらが急に聴こえてくる現象も知られています．このことから，カクテルパーティ効果は単に聴こうと思っている音だけを抽出する機能だけで実現されていないことが示唆されています．

物体の気配についても音が重要な役割を果たしています．視覚障がい者は舌を鳴らすエコロケーションという方法で，その音の反射で物体までの距離を測ったり，物体の材質を推測したりしています．無響室のような環境でない限り，小さくてもノイズのような環境音が存在しているため，物体の存在によって音が遮られ，変化します．これが気配として感じられます．VR空間でもアバタやオブジェクトの存在によって音響の変化を再現すれば，気配を表現できるようになると考えられます．

2.2.3●音の空間知覚

わたしたちが音を聞くとき，左右の耳にはわずかに異なった音が届いています．聴覚で得られる情報はこの両耳の鼓膜の振動の時間変化（つまり一次元の情報）のみになります．この両耳で得られる情報の差によって音の空間的な位置や立体的な音が得られることになります．

両耳間差には，時間差（位相差）と強度差（レベル差）が挙げられます．前者は音源と耳までの距離の差により生じる到達時間差で，**両耳間時間差**（ITD：interaural time difference）と呼ばれます．後者は音が頭部で遮られることにより生じる音圧差で，**両耳間強度差**（ILD：interaural level difference）と呼ばれます．ヒトは一般に高周波の音はILD，低周波の音はITDを使って聴いていると考えられています．高周波の音は直進性が高く，頭部を回折しにくいため，より大きなILDを生じやすくなるのに対して，低周波の音は周期が長いために，ITDが顕著な手がかりになるからです．ITDとILDの手がかりが利用できる周波数の境界は頭部の直径と音の波長と

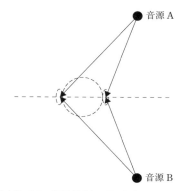

図2.28　両耳間差で区別がつかない例

の関係から1.5〜1.6 kHz付近といわれています.

　頭部を単純な球とした場合,両耳間差が音源定位の手がかりとして使えるのは,左右の耳から等距離にない音源からの音になります.等距離にある場合は両耳間差のみでは区別がつきません（図2.28）.しかし,実際には区別することができ,両耳で得られる音のスペクトルの違いが手がかりとして使われています.音は,耳介で反射したり頭部で遮へいされたりすることで,到来方向に応じてそのスペクトルが複雑に変化します.この変化によって前後や上下の音の方向がわかると考えられています.スペクトルの変化は耳介の大きさや形状で決まり,周波数が高い音の方が顕著であるといわれています.

2.2.4●HRTF と HRIR

　音源から出た音の両耳間差の手がかりに加えて,耳介や頭部,肩などの体の各部によって音が反射・回折する音響的な変化が音源定位の手がかりとして使われます.そのため,音源から鼓膜までの音の伝搬をシステムとして捉えることで,周波数ごとのレベル差や位相差もすべて包含した音響伝達特性を表す伝達関数を求めることができます.それを**頭部伝達関数**（**HRTF**：head related transfer function）と呼びます.このとき,頭部や外耳の複雑な反射や回折は**聴覚フィルタ**とみなされます.HRTFは音源位置の関数であり,頭部がある場合とない場合の伝達特性からも計算できます.頭部がない場合の位置Sに置かれた音源から,仮想的な頭部中心（両耳中心）位置に置いたマイクロフォンまでの伝達特性$H_0(S, \omega)$と,頭部がある場合の位置Sに置かれた音源から,外耳道入口に置いたマイクロフォンまでの伝達特性$H_E(S, \omega)$を無響室内で計測し

$$\mathrm{HRTF}(S, \omega) = H_E(S, \omega)/H_0(S, \omega)$$

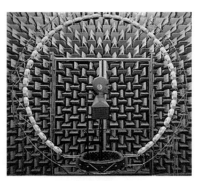

図2.29　無響室でのHRTFの計測

として求められます．音源の位置Sは，頭部中心を原点とした距離r，水平角θ，仰角ϕを用いた球面上に与えられ，$S=(r, \theta, \phi)$として記述されます．Ωは角周波数を表します．HRTFを計測するためには頭部の周りで音源を移動させて計測を繰り返す必要があります（図2.29）．そのため，自分自身のHRTFをもっている人はほとんどおらず，市販のダミーヘッド（dummy head）や他人の頭部で計測されたHRTFを用いることが一般的です．国内外の大学では計測済みのHRTFデータベースが公開されています．ただし，頭部の物理的形状が異なるため，個人差によらないような代表的あるいは汎用的なHRTFの選定方法が提案されています．一方で，厳密にHRTFを計測できても前後の音を定位させることは他の方向と比べて難しいことが報告されています．HRTFが適用されていないヘッドフォンでは頭の中で音が鳴っているように感じ，これを**頭内定位**と呼びます．頭内定位を不快に感じる人もいます．

　また，HRTFは周波数領域での表現ですが，これを逆離散フーリエ変換して時間領域で表現した**頭部インパルス応答**（**HRIR**：head-related impulse response）が用いられることがあります．

2.2.5●オーディオデバイス

　音響信号の出力には，音響スピーカやヘッドフォンが用いられます．これらで一般的に採用されるダイナミックスピーカ方式は，電流を流すと可動コイルが振動して音波を放射します．ほかにも平面駆動スピーカ，静電型スピーカ（コンデンサ型），圧電素子型（ピエゾ型）などが用途に応じて用いられます．VRコンテンツでは，頭部の位置や向きを計測するセンサと連動させて，聴覚刺激を作りだすことが一般的で，ヘッドフォンに慣性センサが組み込まれたものを使用したり，頭部に姿勢センサを別途取り付けて利用したりします．両耳に対して，どのような音響信号を再現すれば三次元音空間が知覚できるかの方法論である聴覚レンダリングは3.2節で述べます．

耳を塞ぐヘッドフォンは，主にオーバーイヤー型，オンイヤー型，インイヤー型，カナル型に分類されます．**オーバーイヤー型**は耳全体を覆うため遮音性能が高いことが特徴で，**オンイヤー型**は耳の上に乗せて使用します．これらはヘッドフォンの中では最も音質が高いことが特徴です．**インイヤー型**は耳に引っかけるようにして，**カナル型**は耳栓のようなパーツを使って外耳道を密閉して使用します．これらはVRゴーグルと併用する際に干渉しにくいといった特徴があります．

耳を塞がずに利用できるヘッドフォンには**骨伝導イヤフォン**があります．骨伝導イヤフォンは，耳介周辺の頭蓋骨を振動させることで，鼓膜を経由せずに蝸牛へ音を届けます．骨伝導イヤフォンでは前庭器官への物理的刺激として用いられたり，咀嚼音の表現などに用いられたりすることもあります．

2.3 体性感覚ディスプレイ

われわれは世界を皮膚で触れて感じています．皮膚や筋が外界の機械的刺激や温度刺激などを受容し，それを脳神経系で処理することで「触れて感じる」ことが実現されます．体性感覚は触れて粗さを感じたり，温度を感じたりする**皮膚感覚**（cutaneous sensation）と，重さを感じたり，身体の部位の位置や動きを感じるような**深部感覚**（deep sensation）に大別されます．皮膚感覚は皮膚表面の機械受容器によって生じる触圧覚や，温度感覚受容器によって生じる温感や冷感などからなります．また，深部感覚は筋，腱，関節の受容器から生じる運動感覚や位置感覚からなります．

これらはVRでは**触覚**，**力覚**と呼ばれ，それらを合わせた触力覚は体性感覚とほとんどの領域で重複します．力触覚を人工的に生成する技術や学術領域を**ハプティクス**（haptics）と呼びます．体性感覚は自己の姿勢や接触した身体部位の検出だけでなく，身体を能動的に動かすことで外界を知覚したり，弁別性能を高めたりしています．このように体性感覚は身体や運動と強く結びついた感覚といえます．視聴覚などは特定の部位に感覚受容器がありますが，体性感覚の受容器は全身に広く分布しています．さらに図2.30に示すように，2か所同時に触られたときにそれが別々の刺激であると識別できる最小距離（2点弁別閾）が部位ごとに異なり，指腹部，手掌，足裏，唇は高い空間分解能を有しています．そのため，体性感覚ディスプレイの研究は指先や手などの領域を中心に進められてきました．

2.3.1●皮膚感覚と特性

人間の皮膚は**表皮**（epidermis），**真皮**（dermis），**皮下組織**（subcutaneous fat tissue）の3層から構成されています（図2.31）．ほとんどの皮膚感覚の受容器は

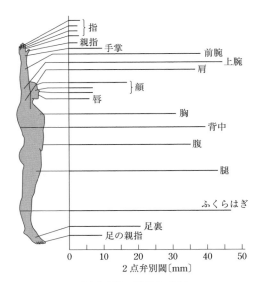

図2.30　触覚の感度

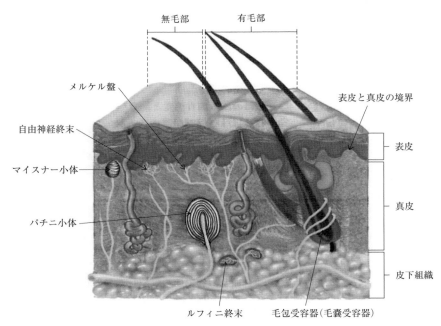

図2.31　ヒトの皮膚の断面

　真皮より深い箇所に存在し，検出できる刺激の種類から**機械受容器**（mechanore-
ceptor），**温度受容器**（thermorecepter），**侵害受容器**（nociceptor）に分類されます．
また，受容器の形態から，**マイスナー小体**（Meissner corpuscles），**メルケル盤**

表 2.1　皮膚の機械受容の種類

		順　応	
		速　い	遅　い
受容野	狭い 境界が明瞭	FA I マイスナー小体	SA I メルケル盤
	広い 境界が不明瞭	FA II パチニ小体	SA II ルフィニ終末

（Merkel disks），**パチニ小体**（Pacinian corpuscles），**ルフィニ終末**（Ruffini endings）などに分類され，それらは手掌，足裏，唇などの**無毛部**（glabrous skin）に存在しています．他にも痛覚に関係するとされる**自由神経終末**（free nerve ending）と呼ばれる受容器も存在します．一方，人体のほとんどを覆っている**有毛部**（hairy skin）には，無毛部と異なり，マイスナー小体が存在しないと報告されています．さらに，有毛部のみ，毛根部には**毛包受容器**（毛嚢, hair follicle receptor, nerve ending around hair）が存在しています．

　この受容器は順応の速さによって**速順応型 FA**（fast adapting type unit）と**遅順応型 SA**（slow adapting type unit）に分類できます．多少の異論はありますが，機械受容器の感覚神経終末は表 2.1 のように順応の速度と受容野の広さから異なる受容器が対応すると推測され，FA I がマイスナー小体，FA II がパチニ小体，SA I がメルケル盤，SA II がルフィニ終末に対応していると考えられます．

　無毛部にある FA 型受容器は，わずかな動きにも反応して，動きのタイミングを取るのに役立っています．ただし，動きの方向や角度に対する特異性はありません．無毛部にある SA 型受容器は主に関節の受動的な動きに応答します．また，SA の 2/3 は方向選択性がありますが，1/4 はどちらの方向にも応じます．以上のことから，皮膚受容器は関節角度や動きの速さのモニタとしてはあまり役に立っていないと考えられています．

　FA 型受容器は皮膚の振動に感受性が高く，FA II は 100～300 Hz の周波数をもつ振動刺激に対して最も高く興奮します．また，FA I は 100 Hz 以下の低い粗振動に最も感受性が高いことが知られています．SA II 型受容器は皮膚表面からやや深いところに位置しているため，空間分解能は低く，遅順応型なので振動刺激よりも持続的な変形によく興奮します．このことから引っ張りの検出は SA II 型受容器によってなされていると考えられます．

　人間の温度感覚は皮膚上の冷点と温点によって検出されます．温度に対する感度は，温覚と冷覚では冷覚のほうが高い，つまり閾値は小さくなります．身体部位の感度は，顔が最も高く，足は最も低くなります．

2.3.2●振動刺激ディスプレイ

　皮膚への物理的な刺激には**振動刺激**が最も広く用いられています．一般に，皮膚に振動刺激装置を装着したり，貼り付けたり，押しつけたりして刺激を提示します．皮膚は弾性体であり，変形などによっても振動伝搬が変化します．アクチュエータとして偏心モータ，リニア共振アクチュエータ，ボイスコイルモータ，ピエゾアクチュエータが用いられます（図 2.32）.

　偏心モータ（ERM：eccentric rotating mass）は，小型の回転モータの軸に取り付けられた偏心おもりが回転することで振動を発生させるアクチュエータです．モータの回転速度に応じて振動周波数と振動強度が同時に変化します．電流が流れてから偏心おもりが定常回転に至るまで 50〜80 ms ほど時間がかかることが欠点です．

　ボイスコイルモータ（VCM：voice coil motor）は音声スピーカの一種で，コイルに電流を通電し磁力を発生させ，固定された永久磁石との反発力で推力を得る方式のアクチュエータです．入力される交流電流に応じて推力を発生し，電流波形に応じた振動を生成することができます．VCM ではコイルはバネとダンパやおもりに接続されているため，任意の共振特性を設計することができます．ただし，共振周波数付近では入力電圧の振幅と振動強度の関係が非線形となります．特にこのバネとおもりの単振動の共振を利用して高効率な出力を得るものを**リニア共振アクチュエータ**

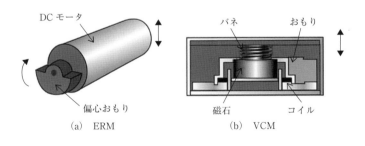

　　(a)　ERM　　　　　　　　　　　(b)　VCM

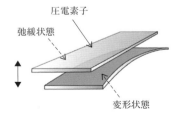

　　　　(c)　ピエゾアクチュエータ

図 2.32　振動アクチュエータ

（LRA：linear resonant actuator）と呼び，コイルに流す電流を共振周波数に合わせて印加することで大きな振動を得ることができます．一般的に ERM に比べて時間応答性が高く，20～30 ms 程度の応答時間になります．また，振動周波数は交流電流の周波数と一致し，振動振幅は電圧（電流量）に比例するため，それぞれ独立に制御できます．

　ピエゾアクチュエータは電圧をかけると機械的に変形するピエゾ素子（圧電素子）を利用したアクチュエータです．専用の増幅器を用いることで電圧に応じた変位量の変形が制御でき，交流電圧をかけることで振動刺激を提示することができます．変位量は数十～数百 μm ですが，大きな推力と高い周波数特性を有しています．低周波数あるいは直流で駆動すると，圧覚刺激装置として利用することができます．VCM でも同様の駆動が可能ですが，ピエゾアクチュエータには連続時間変位を保持し続けても発熱しにくいという特徴があります．また，ピエゾ素子は ERM と比較して高価ですが，1 ms 程度の高速な応答特性を備えています．

2.3.3●電気刺激ディスプレイ

　電気刺激による触覚提示は，機械的な駆動部がなく，比較的軽量で，騒音もないことが特徴です．皮膚表面の電極から微弱電流パルスを流し，皮膚下の感覚神経を活動させる**経皮的電気神経刺激**（**TENS**）と，針電極や埋め込み電極を用いる**侵襲的電気刺激**に分類できます．一般的な電気刺激装置には電圧-電流変換回路が内蔵されています．電気刺激は皮膚内部の電流によって神経周辺に電位勾配が生じ，その勾配によって神経膜間に電流が生じるという原理であるため，刺激電圧よりも刺激電流のほうが主観的強度との相関が強いことが知られています．このため電流制御による電気刺激が主に用いられます．また，皮膚の厚さは部位ごとに異なるため，皮膚のインピーダンスを計測し，電流量を調整することが有効です．

　筋電計測では計測する電位の安定化のために銀-塩化銀電極（Ag-AgCl）が一般に用いられますが，TENS などの電気刺激ディスプレイでは導電性ゲルや金メッキされた電極が用いられます．TENS では電極パッドを皮膚表面に安定して接触させることが必要です．接触面積が小さい場合には局所的な電流集中によって痛覚神経が刺激されることがあります．電極を縫い付けたボディスーツのような形状を用いれば，広い体表面に触覚刺激を生成することができます（図2.33）．

　これに対して，筋電気刺激による深部感覚ディスプレイもあります．**EMS**（**電気的筋肉刺激**，electrical muscle stimulation）では皮膚表面の電極から筋にパルス信号を与えることで，特定の筋を刺激できることが知られています．筋を収縮させることで物体に接触したような反力を表現することができます．

図2.33　電気刺激ボディスーツ（OWO Haptic Gaming System）

2.3.4●温度刺激ディスプレイ

　温度刺激装置で最も使用されているものはペルチェ素子です．**ペルチェ素子**はp型半導体とn型半導体を交互に配列し，その両端をセラミック基板で挟み込んだ構造になっています．ペルチェ素子に直流電流を流すと，一方の面が吸熱し，それと反対側の面に発熱が起こりますが，これを**ペルチェ効果**と呼びます．生じる熱量は流す電流量で決定されます．電流の方向を逆転させると吸熱面（冷却面）と放熱面（発熱面）が入れ替わります．ペルチェ素子を使用する際には，生じた熱をヒートシンクなどで逃がす必要があります．熱を逃がすことができない場合，発熱側で生じた熱が吸熱側にも伝わり提示効率が悪化するだけでなく，熱により機材が故障・破損する可能性もあります．

　ペルチェ素子以外の方法としては，恒温槽や恒温水循環装置もよく使用されます．**恒温槽**は一定温度に保たれた水槽で，手などの身体部位を恒温槽に浸すことで温度刺激が提示されます．**恒温水循環装置**は，一定温度に保持された水をチューブで循環させ，チューブを介して身体部位に温度刺激を提示します．恒温槽や恒温水循環装置内の水の温度を制御すれば，冷却と加温の両方が使用できます．ペルチェ素子と比べて温度変化速度が遅い刺激の提示に適しています．また，水ではなく，空気を媒体とする刺激も可能であり，ファンなどを用いて温風や冷風を与える方法も利用されます．

2.3.5●深部感覚と特性

　自己の身体位置や運動，力に関する感覚は，筋，腱，関節にある受容器からの情報をもとに生成されています．**筋**は収縮することにより力を発生する器官で，伸ばす力は発生しません．筋のセンサは**筋紡錘**と呼ばれ，その近傍の筋の長さや速度の変

化および振動を検出しています．一方，筋が骨に付着する部分の結合組織を**腱**と呼び，筋と腱の結合部分には**ゴルジ腱器官**と呼ばれるセンサが存在します．ゴルジ腱器官は，外力や筋の収縮を検出する張力受容器です．

　身体部位の位置情報は，筋紡錘などからの求心的な情報だけでなく，身体運動で生じる遠心性の運動指令信号のコピーによっても表象されています．このコピーは**遠心性コピー**（efferent copy），あるいは**随伴放電**（corollary discharge）と呼ばれます．受容器からの求心的な情報は脳に到達するまで数十 ms から百数十 ms 程度の時間が必要なため，手足の高速な運動を行う際には，自身の運動指令に基づく身体位置の情報を利用する必要が生じます．

2.3.6●力覚ディスプレイ

（1）接地型力覚ディスプレイ

　力覚提示は，モータなどのアクチュエータを用いて，物理法則などに基づいて算出した力ベクトルを身体部位に与えます．ある物体への侵入距離に応じて押し戻す力を操作者に返す「位置入力-力出力」の**インピーダンス提示型**，あるいは操作者が加える力に応じて操作位置を動かす「力入力-位置出力」の**アドミタンス提示型**に分類できます．一般的に安価で単純な構成で実現可能なインピーダンス提示型が採用され，アドミタンス提示型は広範囲で大きな力を必要とする用途に用いられます．市販品の多くの力覚提示装置もロボットアームのような機械リンク式のインピーダンス提示型の力覚提示装置が用いられます．また機械リンクではなく，数本のワイヤを用いた張力の合力によって力覚を提示する装置や，磁気浮上（maglev）を利用した方式も開発されています．これらは**接地型力触覚ディスプレイ**と呼ばれ，比較的高精度な力覚提示が可能ですが，ディスプレイが特定の場所に固定されるため，使用者の行動範囲に制限がかかることが課題です（図2.34）．接地する場所が指先や手首のときにはエグゾスケルトン型の固定となります．また，外部環境に接地する場合はテーブルトップ型になります．力触覚ディスプレイで生成した力に対する反力（reaction force）が接地した場所に発生します．身体に固定した場合は固定部でも力を感じることになります．

　磁界を発生させて，永久磁石に生じる力覚を使った力触覚ディスプレイや，空中に超音波を収束させた音響放射圧（acoustic radiation pressure）で遠隔から力を発生させる装置も提案されています．これらの方法では利用者に装着するデバイスがほとんどないことが特徴です．ただし，いずれも発生装置は外部に接地されるため，接地型に分類されます．

　また，ウェアラブル型の接地型力覚ディスプレイとして，外骨格型力覚提示デバイ

 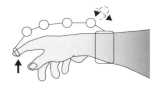

（a）　指先への固定　　　　　（b）　手首への固定（エグゾスケルトン）

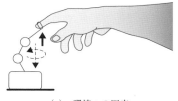

※実線の矢印は
ディスプレイ
が発生する力，
破線の矢印は
その反力．

（c）　環境への固定

図2.34　接地型力覚ディスプレイの分類

図2.35　ワイヤ駆動による力覚グローブ（CyberGrasp）

スやグローブ型のデバイスが開発されています．グローブ型の CyberGrasp は，ワイヤ駆動によって指にかかる力を制御して，力覚を生成します（図2.35）．

　バーチャル物体との自由なインタラクションを考える場合，そのインタラクションによって物体に生じる変形や運動を考慮する必要があります．物体を剛体としてみなし，その物体にはたらく力とその作用点が既知であれば，剛体の運動方程式が記述できます．また，物体が変形する場合には物体をメッシュやボクセルに分けて記述する方法などが提案されています．いずれも，その時間差分を記述すれば所望の力覚刺激が生成できます．こうした計算は**力覚レンダリング**と呼ばれ，これに関しては3章で説明します．

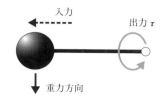

（a） 重力を利用したトルク

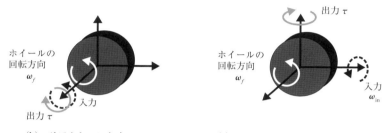

（b） リアクションホイール
（角運動量保存則）

（c） コントロールモーメントジャイロ

図 2.36 非接地型力覚ディスプレイの分類

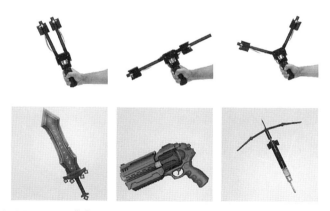

図 2.37 VR オブジェクトに応じた慣性モーメントの提示（Transcalibur）

（2） 非接地型力覚ディスプレイ

非接地型力覚ディスプレイには回転力（トルク）を生成する方法が採用されています. たとえば, 図 2.36 (a) のようにおもりをスライドさせて重心を移動させることで, 慣性モーメントを動的に生成する方法（torque-by-distance）があります. VR コントローラなどにスライドさせるおもりを内蔵させておけば, 本体の重量は変化しませんが, 質量中心や慣性モーメントを変化させることで, VR 内のアイテムの形状をあたかも持っているような感覚を提示できます（図 2.37）.

　リアクションホイール（図2.36（b））を使った方法では，高速に回転させたフライホイールを停止させることでトルクを生成します．角運動量保存則によって角速度の変化に応じたトルクが生成できます．直交するフライホイールを用いれば，3軸のトルク出力にまで拡張できます．出力されるトルクτはフライホイールの角速度ω_fを用いて表され

$$\tau = I\frac{d\omega_f}{dt}$$

となります．ただし，Iはフライホイールの慣性モーメントです．

　コントロールモーメントジャイロ（**CMG**：control moment gyroscopes）では，高速に回転したフライホイールをジンバル機構で支持し，ジンバルを回転させることで生じるジャイロ効果を使ってトルクを生成します（図2.36（c））．ジャイロ効果とは，x軸に置かれたフライホイールを高速に回転させ，ジンバルを介してy軸まわりに所定の角速度を与えるとz軸まわりの回転モーメントが得られる，というものです．出力されるトルクτは入力角速度ω_{in}とフライホイールの角速度ω_fとの外積で表され

$$\tau = \omega_{in} \times I\omega_f$$

となります．ただし，Iはフライホイールの慣性モーメントです．リアクションホイールを使った方式よりも大きな出力トルクを得られますが，断続してトルクを発生させるためには回転させたジンバルを元の姿勢に戻す必要があります．

　非接地型はVRのコントローラなど，外部に固定せずにトルクを発生することができます．いずれのトルク生成方法でも，並進方向に連続的な力を提示することが原理的に不可能で，回転方向の力しか生成できません．

2.4　嗅覚・味覚ディスプレイ

2.4.1●嗅覚特性と嗅覚刺激ディスプレイ

　嗅覚では揮発性の化学物質から情報を得ます．ヒトには鼻の内側を覆う嗅上皮（嗅粘膜）という粘膜上に350種類以上の**嗅覚受容体**が存在すると考えられています．匂いの情報は嗅神経と嗅球を経て，脳に伝達されます．匂いの体験は気分や情緒に大きな役割を果たしますが，分子の構造によって一意に決まらないことが知られています．また，匂いの経路には，鼻から入るものと，喉から入るものがあります．炭酸ガスなどは嗅覚神経ではなく，三叉神経を介した感覚受容によって脳へ送られます．

　嗅覚の生起には化学物質が必要となります．そのため，**嗅覚刺激ディスプレイ**は匂い源を揮発させ，空気などを介して鼻に届けるしくみが必要となります．匂い源を

複数用意して切り替えるという形が多くとられます．インクジェット方式で液体の匂い源を噴霧し，小型ポンプで流量を制御したり，空気砲のように離れた位置から鼻に向けて渦輪に香りをのせて届けたりする技術などが提案されています．さらに，届けた匂い物質を排気するしくみも必要となります．鼻の前にチューブを配置することで，匂い物質の拡散・排気をする方法が提案されています．

2.4.2●味覚特性と味覚ディスプレイ

　味覚では口腔内の化学物質から情報を得ます．**舌**と軟口蓋にある**味蕾**（みらい）と呼ばれる受容体で感知されます．すべての味蕾には舌の場所によらず，基本五味（甘・酸・旨・塩・苦）すべての受容体が存在します．さらに上顎や喉にも味蕾が存在します．また，基本五味ではありませんが，トウガラシなどの辛味成分のカプサイシン，冷線維刺激性のメントールなどは味覚神経ではなく，三叉神経を介した感覚受容によって脳へ送られます．

　味覚ディスプレイでは，化学物質によって味を合成するしくみ，そして，舌と味物質との接触を作り出すしくみが必要となります．基本五味を組み合わせることで，ある程度の種類の味を合成することができます．また，ストローを介して味物質を口に運ぶ手法や，スプーンなどが提案されています．口の中に入れて使うため，衛生管理が必要となります．化学物質を用いずに電気刺激による味覚ディスプレイの研究も盛んです．舌側を陽極とする電気刺激によって酸味や苦味といった「電気味」が感じられます[#2]．逆に舌側を陰極とする電気刺激を与えることで飲料などの電解質の呈する味を抑制することが報告されています．

2.5　前庭感覚・移動感覚ディスプレイ

　バランス感覚は意識に上りにくい感覚ですが，足場の不安定なところに立ったり，ぐるぐる回ったりするとその感覚の重要性に気づきます．わたしたちの身体の運動状態が身体に与えられる刺激によって生起する感覚を**平衡覚**と呼びます．身体の運動状態が変化するとき，その運動の速さや方向，また重力に対する傾きを検出するメカニズムが感覚システムには備わっています．

　平衡覚は図2.27で示した内耳に位置する**前庭感覚系**が中心的な役割を果たしています．この他に皮膚表面における触感覚や筋や腱の緊張に関する自己受容感覚を含む体性感覚情報や視覚情報が有機的に作用し，さらに内臓感覚も関与して前庭感覚系

#2　9V乾電池（006P）を舐めると感じられますが，真似しないでください

が形成されています．平衡覚は自分自身の運動状態の同定，すなわち自己運動感覚の
メカニズムと大きくかかわっています．

2.5.1●前庭器官と知覚特性

　前庭器官は，自分自身の身体の移動や傾斜を，並進および回転の加速度として検
知する器官で，頭部の左右の耳の奥にそれぞれ位置しています（図2.38）．前庭器
官は，主に角加速度（回転加速度）を受容する**半規管**（semicircular canals）と，主
に並進加速度を受容する**耳石器**（otolithic organs）から構成され，ともに**有毛細胞**
（**多毛感覚細胞**，hair cell）が受容器として中心的な役割を果たしています．前者で
は有毛細胞は内リンパ液の動きを検出し，後者では平衡膜の動きを検出しています．

　半規管は三つの器官（**前半規管**，**後半規管**，**水平半規管**）が互いに3軸直交する
ように位置し，外部と流通していない内リンパ液に満たされた，Cの字型のループを
なす管です．この内部で受容器である有毛細胞は**クプラ**と呼ばれるゼラチン状の物
質に結束しています．頭部に回転運動が加わるとき，内リンパ液は慣性によって静止
しようとするため，半規管内では逆方向への流動が生じます．この流動は，クプラを
変位させ，有毛細胞を刺激します．これによって自己回転運動が検知されるといった
しくみです．ただし，液体ゆえ頭部を十分回転させ続けた場合，頭部の回転が停止し
ても，慣性のため内リンパ液の流動が継続する状態があります．これが目が回る状態
（実際に眼球が動いているのを観察できる）です．

　耳石器は，内リンパ液に満たされた，**球形嚢**，**卵形嚢**と呼ばれる袋状の構造物を

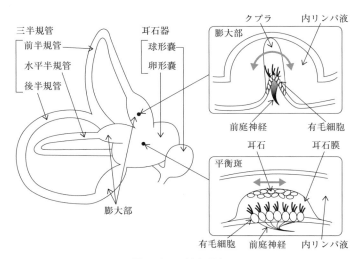

図2.38　前庭器官

有し，三半規管の結合部に位置する器官です．球形嚢と卵形嚢の内部には**平衡斑**があり，そこに有毛細胞が並んでいます．その有毛細胞の上部に**平衡砂（耳石）**があり，**平衡膜**で覆われています．頭部に直線加速度運動が加わるとき，慣性によって耳石がそれと逆方向へ動き，これを覆う平衡膜が変位して有毛細胞を刺激します．水平方向の加速度は球形嚢，垂直方向の加速度は卵形嚢をそれぞれ主に刺激します．

　前庭感覚には，視覚情報を正確に捉えたり，姿勢を維持したりする反射性の運動を生じさせる役割があります．これらは**前庭動眼反射**（vestibulo-ocular reflex）や**前庭脊髄反射**と呼ばれます．前庭動眼反射は，頭部を回転させたときに，眼球を頭部の回転方向と逆方向に回転させる眼球運動のことで，いわゆるビデオカメラの手ブレ補正のようなしくみになります．前庭動眼反射は，角加速度に反応する前庭感覚器の特性から，静止から回転，あるいは回転から静止となるときに生じます．前庭脊髄反射は体幹や四肢に現れる反射で，体の平衡維持や姿勢の調整に関与しています．

2.5.2●モーションプラットフォーム

　前庭感覚器官は身体の移動や姿勢を「加速度」として感知します．任意の加速度パターンを提示するためには，外力を持続的に加えるアクチュエータと身体移動のための広大な空間が必要となります．

　平衡覚デバイスの代表例として，ドライビングシミュレータやフライトシミュレータに採用されている**モーションプラットフォーム（モーションベース）**があります．最も一般的な構成は**スチュワートプラットフォーム**と呼ばれるパラレルリンク機構で，上下の二つのプレートと6本のリニアアクチュエータがパラレルに連結された構造です（図2.39）．6本のリニアアクチュエータをそれぞれ伸縮させることで，上部のプレートの6自由度の運動（並進3自由度，回転3自由度）を生成することができます．上部のプレートに自動車のモックアップや座席を載せ，プレート上のユーザに平衡覚刺激を提示すれば運転しているような状況を再現することができます．

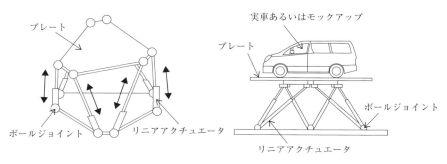

図2.39　スチュワートプラットフォーム

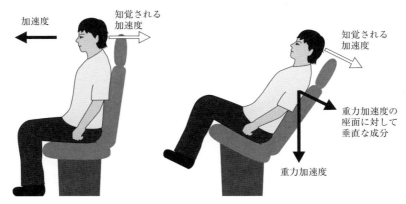

図 2.40　重力加速度を使った加速度表現

アクチュエータ部には，多くの場合電動モータが用いられますが，大きな推力が必要な大規模なシステムでは油圧アクチュエータを用いることもあります．

　モーションプラットフォームの利点は，前庭感覚だけでなく，体と座席の間に生じる圧力も表現できることです．また，プレート上には座席に加えて全天周の大型モニタなどの大きな設備を載せることも可能です．モーションプラットフォームの欠点は可動範囲が小さいことです．そのため，実際の運動と全く同一の運動を再現することは難しいことが挙げられます．たとえば，前方への等加速度運動を再現するには，上部プレートを前方へ同様の加速度運動をさせる必要がありますが，時間の 2 乗に比例して距離が必要となるため，容易に可動範囲を超えてしまいます．

　このような問題に対して，加速度を検出する前庭器官が重力加速度にも反応するということを利用して，上部プレートを傾斜することで発生した重力加速度の座面に対して垂直な成分により模擬する加速度を再現する方法を用いることができます（図2.40）．具体的には，ユーザに提示される加速度を過渡的な成分と定常的な成分に分け，過渡的な成分をアクチュエータによって表現し，定常的な成分は重力加速度を利用します．この方法によりアクチュエータの動作限界に達しない範囲で使用することができます．このとき，合成した加速度のうち，アクチュエータの出力の割合を減らし，最終的には重力加速度成分のみへと移行する動作を **Wash-out** と呼びます（図2.41）．

　合成加速度を利用する際に問題となるのは，加速度を生成するために生じた移動した上部プレートを，次の運動変化に対応させるために元の中立位置に戻すことです．この動作はデバイス側の都合で発生する運動であるため，ユーザに気付かれないような閾値下の加速度で戻す必要があります．この動作を **Wash-back** と呼びます．た

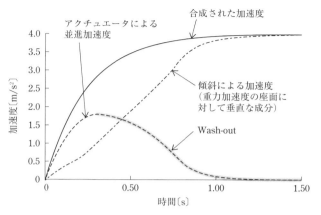

図 2.41　加速度の合成と Wash-out

だし，閾値下の小さな加速度を用いるため，Wash-back には十分な時間と十分な移動距離が必要となります．一部のドライビングシミュレータでは，モーションプラットフォームを巨大なレール上に乗せ，Wash-back に必要な移動距離を有する巨大なシミュレータも開発されています．また，動作のシナリオが予め固定されているようなアミューズメントパークなどでは Wash-back を逆算して最低限の移動距離で実現されています．

2.5.3●前庭電気刺激ディスプレイ

　前庭電気刺激（GVS：galvanic vestibular stimulation）は左右の耳の後ろ，**頭部乳様突起部**と呼ばれる部位に電極を装着し，電極間に 5 mA 以下の微弱電流を流したときに，電極の陽極側にバーチャルな加速度を生成させることが可能な電流刺激方法です（図 2.42）．元々前庭系の検査の一つである**電気性身体動揺検査**（**GBST**：galvanic body sway test）で用いられていたもので，GVS で誘発される身体

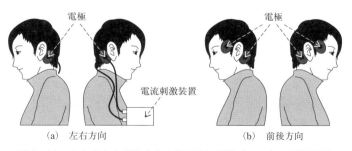

図 2.42　左右方向と前後方向の前庭電気刺激（GVS）の電極配置

動揺を，重心動揺計で記録することで前庭障害診断を行っていました．この手法を応用して，装着者は陽極側に重力加速度方向が変化したように知覚し，つまり自分の身体が傾いたと感じさせます．GVSは半規管と耳石器の両方を賦活させていると報告されています．

　GVSを歩行中に与えると，不随意的に体の重心バランスを制御する前庭系-前庭小脳-脊椎のループが活動し，体の重心を一定に保つように立て直そうと足が自然にバランスを取る方向に出されるため，電流の陽極側に歩行方向が曲がっていきます．

　また，GVSの交流刺激を与えると周波数によっては体が揺らされているように感じたり，逆に世界が揺れているように感じたりします．これはGVSによって生じる反射系の運動が一定の周波数を超えると生体的に反応できなくなり，解釈を変更するためだと考えられています．

　GVSを利用したインタフェースの利点は非侵襲で，安価で小型な構成で実現できることが挙げられます．GVSによって生起される方向は電流の向きに応じて変調することができます．そのため乳様突起部に加えてこめかみ部分や眉間の部分など他の部位に電極を貼付して，複数の電極間に電流路を設けることで前後方向への加速度を生成することができます．電極を身体に貼付する必要があるため，電極と皮膚との間のインピーダンスを低くすることが望ましく，特に電極と皮膚の接触が十分出ない場合，皮膚表面に不快な電気刺激を知覚することがあります．電気刺激に対する心理的な抵抗があるユーザがいることも留意する必要があります．

2.5.4●ロコモーションディスプレイ

　ロコモーションインタフェースとは，VR環境などで歩行感覚を提示する装置の総称を指します．ロコモーションインタフェースは，ユーザの移動運動時に生じる感覚であり，体性感覚デバイスと平衡覚デバイスの両方に該当します．最も単純にはユーザの移動運動の感覚は実際の歩行をそのまま利用すれば実現できます．ただし，ユーザが移動できる空間は限られているため，Wash-backが欠かせない要素となります．そのため，ユーザをトレッドミルの上に乗せ，歩行可能な無限の空間を表現する手法が代表的です．トレッドミル方式では歩行の方向がベルトの移動方向に限定されるため，それを二次元に拡張させた機構が提案されています．他にもWash-backを実現するために，靴に車輪を取り付けて，移動した分を引き戻して相殺する装置や，足先を追尾する可動式の床板によって歩行面を形成する方法などが提案されています．

　VRシステムにおいては歩行動作を入力手段として用いる場合があり，足踏みのジェスチャを入力とする**WIP方式**（walking-in-place）が代表的です．ただし，足踏み動作と歩行動作では身体の移動に関連する感覚入力が全く異なるため，そのままロコ

図 2.43　足を滑らせて Wash-back を実現するロコモーションインタフェース（KAT VR）

モーションインタフェースとして利用すると十分な効果が得られません．そこで，低摩擦の靴を履き，すり鉢状の台の中央で，腰などを固定しながら前方に踏み出す動作を行えば，自然に足が Wash-back されるため，歩行や走行の感覚と足の動きを歩く動作として VR に反映させるロコモーションインタフェースも販売されています（図2.43）．

2.5.5●自己運動知覚

　広い視野に一様に提示される運動（optic flow）を観察すると，その運動方向とは反対の方向に身体が動くような錯覚が生じます．この視覚誘導性の自己運動感覚を**ベクション**（vection）と呼びます．ベクションは自分が静止しているときにも生じます．たとえば，停車中の電車の窓から他の電車が動き出すところを見たときに，あたかも自分が乗った電車が動いたように感じるものもベクションの一例です．ベクションはゲームや映画，遊園地のアトラクションで没入感を高めるために使用されています．他にも高速道路の渋滞を防ぐ走光型視線誘導システムにも活用されています．また，われわれの自己運動には並進と回転があるように，視覚刺激の運動方向に応じてそれぞれに対応した**直線ベクション**（linear vection）や**回転ベクション**（circular vection）が存在します．

　網膜に投影される運動は外界の対象の運動からのみではなく，自分の運動や移動によっても生じます．そのため，自己運動に起因するものと，対象物体の運動に起因するものとを区別する必要があります．手前と奥では，奥に提示された運動は自己の運動に起因するものと解釈されます．ベクションは一般的に「背景」として解釈されるような optic flow によって引き起こされます．多くの研究では，脇役的な役割の刺激，つまり，「図と地（figure-ground）」でいう「地」に相当する刺激のときに強度が大

図 2.44　図と地の例（ルビンの壺）

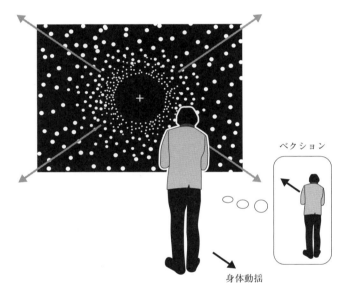

図 2.45　視覚によるベクションと身体動揺

きいことが報告されています．図と地はルビンの壺（図 2.44）などの錯視が代表例で，形と背景を分離して知覚される現象です．運動刺激に対する注意の有無や，運動刺激の色によっても強度が変化することが報告されています．また，ベクションの潜時は前庭感覚の潜時より長いことが特徴です．

　optic flow はベクションだけでなく，姿勢の揺れを誘発します．この揺れは視覚誘導性の**身体動揺**（postural sway）と呼ばれます．ベクションと身体動揺は逆位相になります（図 2.45）．身体の姿勢の制御は視覚，前庭感覚，足裏などの触覚が関与していますが，広い視野に一様に提示される視覚刺激によって，姿勢制御に影響が与

えられた結果になります．身体動揺はベクションが生起される**潜時**（latent time, 反応が生じるまでの時間）よりも早く生じます．

　ベクションは中心視野よりも周辺視野の刺激によって生じやすく，視野の110° 程度で効果が飽和するといわれています．そのため，臨場感を感じるには80° 以上の視野角が必要となり，ベクションによる効果が得られる広視野の大画面ディスプレイが用いられることが多いです．ただし，ベクションを誘発する視覚系は空間周波数の低い成分にのみ応答するため，周辺部においては必ずしも空間解像度の高いディスプレイが必要というわけではありません．

　ベクションの生起は視覚だけでなく，他のモダリティからの入力によって促進されます．身体の運動に伴って生じる聴覚情報の変化や扇風機などで顔に一定量の風の刺激を提示することでもベクションの潜時や強度に影響を与えます．

2.6 感覚間相互作用

　日常生活において，一つの感覚だけを使っている状況はそれほど多くありません．感覚のことを**モーダル**と呼びますが，単一の感覚（**ユニモーダル**）ではなく，複数の感覚（**マルチモーダル**）に基づいた情報処理が行われていることが一般的です．マルチモーダルはユニモーダルの単なる和ではありません．たとえば，音のない映像だけの映画を見たときと，映像のない音だけの映画を見たときの臨場感は，それらを足しても，映像と音のある映画を見たときの臨場感に及びません．このように VR 体験においては複数感覚の連動は重要です．

　それに対して，**クロスモーダル**（crossmodal）という用語があります．これは，ある感覚情報が他の感覚情報やメカニズムに干渉して感覚情報そのものが変化する現象のことです．たとえば，**マガーク効果**（McGurk effect）は，視覚が聴覚に影響して，聞こえを変化させます．たとえば，「バ」という音声と同時に「ガ」と発音する顔の映像を提示すると，いずれとも異なる「ダ」という第3の音韻が知覚されるというものです．この現象は，視覚情報である口の動きによって聴覚情報による音韻知覚が変調されることを示しています．

　他にも，視覚と触覚のクロスモーダル効果である「**大きさ-重さ錯覚**（size-weight illusion）」もよく知られています．これは，物理的な質量が同一であっても，見た目のサイズが小さいほうが重く感じるという錯覚現象です．この錯覚現象は，重さが同じであるという事実を知っていても生じます．

　このようにクロスモーダルは五感のさまざまな組合せで報告され，複数の末梢の感覚器官から入ってくる情報を**ボトムアップ**（bottom-up）**処理**するだけでなく，脳

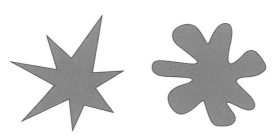

図2.46　どちらがブーバ・キキ？

の中にある本能や記憶などの情報と統合した**トップダウン**（top-down）**処理**によって判断されていることを示しています．

2.6.1●感覚間一致と共感覚

　明るい色が高い音と直感的に結びつくような，本来は異なる感覚モダリティに与えられた刺激どうしに適合性が見いだされる現象のことを**感覚間一致**（crossmodal correspondence）と呼びます．視聴覚間で数多くの事例が報告されています．代表例は図2.46の2画像からブーバとキキを選ばせると，ほとんどの実験参加者が右の図形をブーバ，左の図形をキキと回答する「ブーバ・キキ効果」で，言語や性別などに関係なくほぼ同じ結果になるという研究結果が出ています．

　共感覚（synesthesia）は一つの感覚刺激から，一般的に引き起こされる感覚や認知に加え，別の感覚や認知が無意識に引き起こされる現象です．文字や数字に色がついて見えたり，音を聴くと色が見えたりする共感覚がよく知られています．

　共感覚と感覚間協応をひとまとまりにして見る立場もありますが，議論が分かれています．両者の違いには，個人特異性があるかという点があります．共感覚の体験はその共感覚者自身しか経験できず，非共感覚者などが外部からその内容を直接的に観察できません．それに対して，感覚間協応の体験はより多数の間で共有されるという特徴があります．

2.6.2●多感覚統合

　感覚間一致とは異なる形での感覚モダリティ間の相互作用処理として，異なる感覚モダリティに入力された刺激を一つの事象として知覚・認識する処理として定義されている**多感覚統合**（multisensory integration）があります．多感覚統合では，感覚間一致と異なり，複数の感覚モダリティ刺激が一つの事象として知覚されるような時空間的な一致性が重要な要素となります．

　多感覚統合では，Ernst & Banksによって提案された**最尤推定**（MLE：maximum

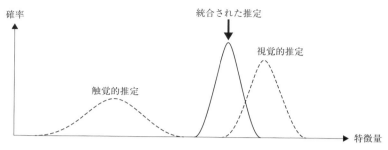

図2.47 多感覚統合における最尤推定モデル

likelihood estimation）**モデル**が知られています．ノイズの大きな環境において独立する感覚から認識する情報は確率モデルで表され，特に正規分布に従うと考えられる場合がこの MLE モデルになります．MLE では各感覚情報の信頼度はその感覚が従う正規分布の分散によって決まり，感覚情報の分散が小さい場合は信頼度が高いとされます．感覚統合時の推定結果に各感覚情報が占める重みは各々の感覚情報の信頼度によって決まります（図2.47）．たとえば，統合結果として推定される量 S_{vh} は視覚のみによって推定された量 S_v と触覚のみによって推定された量 S_h を用いて，以下のように表されます．

$$S_{vh} = w_v\,S_v + w_h\,S_h$$

ただし，w_i は重み（$i = v, h$）で

$$w_i = \frac{1/\sigma_i^2}{1/\sigma_v^2 + 1/\sigma_h^2}$$

また，統合時の信頼度に対応する分散 σ_{vh}^2 は視覚の分散 σ_v^2 と触覚の分散 σ_h^2 を用いて，以下のように表されます．

$$\sigma_{vh}^2 = \frac{\sigma_v^2 \cdot \sigma_h^2}{\sigma_v^2 + \sigma_h^2}$$

ただし，最尤推定モデルでは異なる感覚情報が独立していると仮定しています．実際は感覚情報間で相互に影響すると考えられるため，適用範囲には限界があります．

最尤推定モデルを発展させて，ベイズの定理（Bayes' theorem）を用いた多感覚統合モデルも考案されています．一般的なベイズの定理によって，事後確率 $P(\mathrm{B}|\mathrm{A})$ は事前確率 $P(\mathrm{B})$ と尤度 $P(\mathrm{A}|\mathrm{B})$ を用いて以下のように表されます．

$$P(\mathrm{B}|\mathrm{A}) = \frac{P(\mathrm{A}|\mathrm{B})P(\mathrm{B})}{P(\mathrm{A})} \propto P(\mathrm{A}|\mathrm{B})P(\mathrm{B})$$

事象Aに関するあるデータ（たとえば知識や経験）が得られたとき，それを反映した尤度 $P(\mathrm{A}|\mathrm{B})$ との乗算によって，事象Bの確率は事前確率から事後確率へと更新

される，つまり，元々もっていた考えがどう変化するかを求めています．多感覚統合の場合，視覚情報を V，触覚情報を H，統合された結果得られた特徴量を X とし，V と H から X を推定する問題と考えられます．これはベイズの公式を用いて，以下のように表されます．

$$P(X|V,H) \propto P(V|X)P(H|X)P(X)$$

ここで，$P(V|X)$ は視覚に関する尤度分布，$P(H|X)$ は触覚に関する尤度分布，$P(X)$ は特徴量（たとえば物体の大きさや位置）に関する事前分布，$P(X|V,H)$ は視覚情報と触覚情報が与えられたときの特徴量に関する事後分布です．

2.7　内受容感覚・内臓感覚

　身体内部の生理状態の感覚を表現する概念として，**内受容感覚**（interoception）があります．英国の生理学者 Charles Sherrington 氏は感覚を**外受容感覚**（exteroception），**固有感覚**（proprioception），内受容感覚に区別しました．外受容感覚は視覚や触覚などを介して外部環境を捉えるのに対し，内受容感覚は心拍や呼吸，血圧，体温，胃腸の動きなどの生理的な状態の変化に関する内臓感覚のことです．この分類では，内受容感覚は生体の恒常性（ホメオスタシス）を意識するためのものとされています．一方，外受容感覚と内受容感覚の二つに分ける立場もあり，その場合は固有感覚も内受容感覚に含まれます．

　近年，外受容感覚だけではなく，内受容感覚も身体所有感などの自己認識に重要な役割を果たしていることが明らかになっています．また，内受容感覚が感情の強さに影響を及ぼしている可能性が示唆されています．内受容感覚は環境の変化に対して生体の恒常性を保つ役割から，自己身体の不変性や一貫性に関与していると考えられています．また，内受容感覚はその感受性の個人差が大きく，鋭敏な人はラバーハンド錯覚（4.1.5 項参照）が生じにくいことや，身体近傍空間（4.3.4 項参照）が狭くなるという報告もあります．そのため，内受容感覚の鋭敏さと自他の境界との間に関連があることが示唆されます．

2.8　錯覚を応用した情報提示技術

2.8.1●pseudo-haptics

　疑似触覚（pseudo-haptics）は視覚と触覚のクロスモーダル効果と考えられます．これは，GUI 環境でマウスなどの入力装置を使ってカーソルを操作する場面で

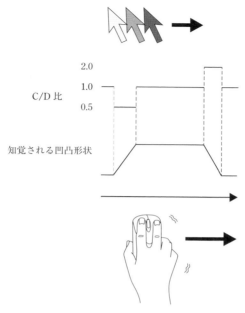

図2.48 pseudo-haptics による凹凸感の表示例

報告されました．二次元平面である GUI 環境において画面の法線方向に凹凸形状を表現する手段として，視覚情報の変調から擬似的に凹凸の感覚を知覚させる手法として提案されました．pseudo-haptics では特定の領域を通過するマウスカーソルの動き（出力：display）と実際のマウスの動き（入力：control）の比率（control display ratio，**CD 比**）を変化させることで凹凸面をなぞったような効果を生成します．たとえば，マウスを 10 mm 動かしたときに画面上のマウスカーソルが 10 mm 動くとしたとき，特定の領域内でマウスカーソルの動きを 5 mm にすると（つまり CD 比が 1.0 から 0.5 になったとき），動きが鈍くなります．この動きの変化によってマウスに抵抗感が発生したように知覚されます．逆にマウスカーソルの動きを 20 mm にすると（つまり CD 比が 2.0 になったとき）マウスが軽くなったような感覚が知覚されます．このように CD 比を変化させることで，凹凸面をなぞったような効果を作り出します（図2.48）．

　CD 比を変えることによって物体の重量感覚や弾性，物体表面の摩擦の大きさなどに適応可能で，VR 空間の手や物体の動きの CD 比を変えることも提案されています（図2.49）．

　一方で，視覚の時間分解能は触覚に劣るため，視覚情報のみで衝突のような短時間で生じる事象を pseudo-haptics で表現することは挑戦的な課題となります．物体との

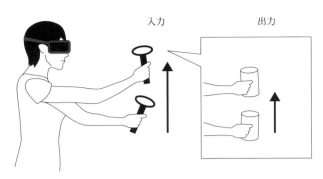

入力　　　　　　出力

図2.49　VR 空間での pseudo-haptics による重量感の提示

衝突時には物体の素材に応じた過渡振動が物体表面で生じているため，静的な物体の硬さを表現するよりむしろ，衝突が生じたときのダイナミクスを表現する方が知覚的な硬さに影響することが報告されています．そのため，触覚振動装置を組み合わせた pseudo-haptics で，衝突事象に合わせて視触覚に過渡振動表現を重畳する方法が提案されています．視触覚の刺激属性の組合せや感覚間の提示時間差を調整することによって衝突感を増大させることが確認されています．また，同じく時間分解能が視覚よりも高い聴覚と組み合わせた pseudo-haptics も報告され，粗さ感覚を操作できることを報告しています．特に高い周波数成分の粗さを表現するには高々 100 Hz 程度の更新周波数の視覚ディスプレイのみでは制限があるため，聴覚情報の活用は有効な方法といえます．

2.8.2●haptic retargeting

　VR 空間における視触覚間の感覚統合において **haptic retargeting** と呼ばれる手法があります（図2.50）．この手法では，単一の物理的な箱を使って，複数の VR 空間内の箱を触らせることができます．バーチャルハンドの動きを意識に上らない範囲で操作することで，物理世界の配置とは異なる位置にある VR 物体に触ることを実現できます．haptic retargeting ではバーチャルハンドが VR 物体に触れるタイミングが，物理世界で実物体に触れるタイミングが一致することが重要となります．どの程度の動き，軌道，姿勢の操作であれば気付かれないかについてはさまざまな検証がなされています．

　haptic retargeting と相性のよい手法に**遭遇型ディスプレイ**（**AED**：active environment display）と呼ばれる手法があります（図2.51）．AED はロボットアームを用いて先端に取り付けた面や角を触らせることで，さまざまな形状の VR 物体との接触感を提示します．AED の提示デバイスは体験者の指先の位置をセンシングし，先回

図 2.50 haptic retargeting（バーチャルハンドは異なるターゲットに手を伸ばしている（上段）が，物理世界ではすべて同じ腕到達運動をしている（下段））

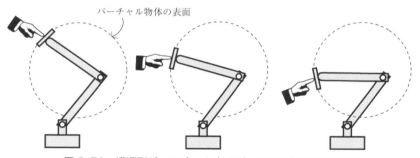

図 2.51 遭遇型ディスプレイ（AED）による球面の表示の例

りして接触に備えるため，大型で複雑な構成になります．AED の追従機能を haptic retargeting 技術によって補える可能性があります．

　また，4 章で紹介する **redirected walking** は，VR 空間中を移動するときに体験者に悟られることなく，気付かれないように経路の曲率を変更することで，限られた空間内でも広大な VR 空間を歩けるようにする手法です．単に**リダイレクション**と呼ばれることもあります．haptic retargeting の全身の移動ともいえます．

2.8.3●牽引力錯覚

　力覚ディスプレイは利用者に力を返すと同時に作用・反作用の法則によって生じる反力を環境に逃がす必要があるため，利用者と力覚提示装置の両方を地面などの外部環境に固定しなければならないという物理的な制約があります．そのため，スマートフォンなど外部に支点を設けていない機器では反力を逃がすことができません．それに対して，人間の知覚の非線形特性を活用することで物理法則の制約から解放された情報提示を実現するアプローチが提唱されています（図2.52）．「短時間の大きな力」と「長時間の小さな力」という非対称な力の往来を周期的に繰り返す「非対称振動発生装置」によって，外部に固定されていない機器でも牽引されるような感覚を作り出すことができます．この非対称振動を作るには揺動クランクスライダ機構と呼ばれる機構やボイスコイルモータを使うことで実現できます．振動現象であるため，物理的に正逆方向（たとえば前方と後方）に力を発生しますが，時間で平均すると発生する力は0，つまり，物理的にはどちらの向きにも牽引力を発生していません．しかし，人間は急激に変化する加速度と緩やかに変化する加速度が繰り返される非対称な振動を提示されたとき，「人間は素早い動きには敏感であるが，遅い動きは知覚しにくい」という知覚の非線形特性があるため，この振動を一方向に牽引されるような力として錯覚します．この錯覚現象は**牽引力錯覚**（pseudo-attraction force）と呼ばれ，一般的な力覚ディスプレイとは感覚がやや異なりますが，把持したデバイスを振動させるだけで力覚を錯覚的に提示できるといった特徴があります．

　牽引力錯覚を生み出す非対称振動をどの方向に発生させるかによってさまざまな応用が考えられます．たとえば，非対称振動を鉛直方向に発生させれば，物体そのものの重量を変化させることなく，あたかも重くなったように感じさせることができます．これをバーチャル物体の重さとして表現することができ，魚釣りなどに活用することができます（図2.53）．また，非対称振動を水平方向に発生させれば，手を引いて

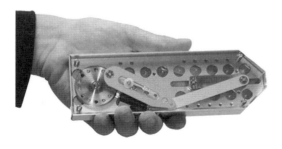

図2.52　非対称振動による牽引力錯覚（Buru-Navi）

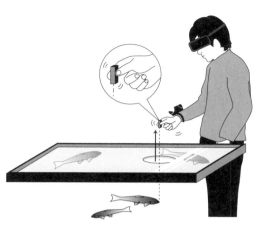

図 2.53　牽引力錯覚を使った VR 魚釣り体験（左）や視覚障がい者の道案内への応用（右）

方向を教えてくれる道案内のような応用が可能となります．力覚の特徴は方向と大きさの二つの性質をもつベクトルであるため，方向を伝えるうえで解釈を必要としません．視覚障がい者を対象とした屋内の歩行経路誘導の実証実験で，牽引力錯覚を使った誘導の有効性が示されています．火災，発煙，警告音の発生時では視聴覚情報が十分利用できないため，そのような状況下では視覚障がい者に限らず，すべての利用者の歩行誘導支援に役立ちます．

　VR 空間の中で，自己の投射であるアバタの動きと，物理世界で感じる牽引力錯覚で知覚される方向とが異なる場合はどのように知覚されるのでしょうか．実際の腕の動きとは関係なく，アバタの腕が動くような VR 環境下で行われた研究があります．牽引力錯覚が生起される閾値付近の刺激では，非対称振動に対してアバタの動きが 50 ms ほど先行するときに，アバタの動きに釣られて方向を回答することが報告されています（図 2.54）．このように複数の錯覚を組み合わせた情報提示や知覚時間特性に関する研究は VR における身体感覚の基礎技術として重要さを増しています．

2.9 物理量と感覚量の関係

　どれくらいの強さの刺激を与えるとどれくらいの強さとして感じられるかはヒトを対象とする VR において設計上必要不可欠です．一般に物理量と感覚量は線形の関係ではありません．たとえば，音量を物理的に 2 倍にしても主観的に 2 倍の大きさに感じられるわけではありません．他にも，光量や重量でもほとんどの場合，線形の関係はありません．しかし，物理量と感覚量は非線形な式で近似できることが知られてい

図2.54　アバタの手の動きに影響される牽引力錯覚

ます.

2.9.1●ウェーバー・フェヒナーの法則

　ウェーバー・フェヒナーの法則（Weber-Fechner law）は「人間の感覚の大きさ
は, 受ける刺激の強さの対数に比例する」という基本法則です. 感覚に提示された二
つの刺激に対して気づくことができる最小の刺激差を**弁別閾**（丁度可知差異,
JND：just noticeable difference）と呼びます. ドイツの生理学者**ウェーバー**
（E.H.Weber）は弁別できる差分である JND が, 基準となる基礎刺激の強度に比例す
ることを見つけました. たとえば, 手のひらに 100 g のおもりを乗せたとき, 2 g だ
け重くしたときに重くなったと気づいたとします. このとき, 1,000 g のおもりの場
合では 2 g 増やしただけでは重さの変化に気づくことはできません. 重くなったと気
づかせるためには, 20 g 増やす必要があります. つまり, 初めて差を感じたときの
増加量と, 最初に乗せた標準刺激との比は一定（1/50）となります. このように

$$\frac{\Delta I}{I} = \text{const.}$$

の関係が成立し, これを**ウェーバーの法則**（Weber law）といいます. このとき I
は基準刺激の強度, ΔI は JND です. この一定の値を**ウェーバー比**（Weber ratio）
と呼びます. ウェーバー比は光の明るさであれば約 2～8%, 音の大きさであれば約 5
～9% のように刺激ごとに異なります.

　ウェーバーの弟子のドイツの物理学者**フェヒナー**（G.T.Fechner）はこの法則を発
展させ, 感覚量と刺激強度の関係を導きました. 感覚量 E の増分 ΔE は刺激の強度 I
に反比例し, 刺激の強度の増分 ΔI に比例することになります. そのため

$$\Delta E = k\frac{\Delta I}{I}$$

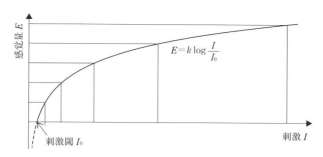

図2.55 ウェーバー・フェヒナーの法則

と表すことができます．フェヒナーはこの式を微分方程式と捉え，積分することにより，感覚量 E と外界からの刺激強度 I の関係を以下のように導きました．

$E = k \log I + C$ （C は積分定数）

ここで，初期条件を $I = I_0$ のとき $E = 0$ （刺激強度 I_0 のとき感覚強度が 0）とすると $C = -k \log I_0$ となるので

$$E = k \log \frac{I}{I_0}$$

となり，これが 1860 年に**フェヒナーの法則**として発表されました．現在ではウェーバー・フェヒナーの法則（Weber-Fechner law）と呼ばれています．ウェーバー・フェヒナーの法則は刺激の強さが中程度の範囲内で近似的に成り立つことがわかっています．ウェーバー・フェヒナーの法則では刺激と感覚量は図 2.55 に示すような関係となります．

2.9.2●スティーブンスのべき法則

ウェーバー・フェヒナーの法則では，物理刺激の強度が大きくなるにつれて，感覚量は変化しにくくなることになります．一方，電気ショックは物理刺激の強度が大きくなるにつれて，感覚量は急激に増大します．色の彩度（鮮やかさ）なども同様の傾向があります．また，線の長さや音の長さなども感覚量と物理量が線形に近い関係があり，ウェーバー・フェヒナーの法則にあてはまらない事例が報告されました．

そこで米国の実験心理学者 S. S. Stevens は閾値によって感覚の大きさを測るのではなく，直接感覚の大きさを推定させる方法である「マグニチュード推定法（magnitude estimation method）」を用いてデータを収集し，その測定結果に基づいて感覚量が刺激の物理強度の対数ではなく冪（べき）指数に比例することを 1957 年に報告しました．この関係式は

$E = kI^{\alpha}$

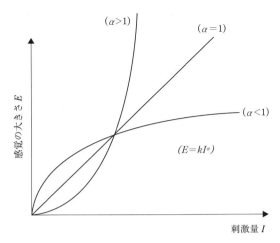

図2.56　スティーブンスのべき法則

で表され，**スティーヴンスのべき法則**（Stevens' power law）と呼びます．このとき，I は基準刺激の強度，k は刺激の種類と使用する単位によって決まる比例定数です．α はべき指数で，感覚モダリティおよび刺激条件によって異なる定数です．α の値は指先への交流の電気刺激では 3.5，暗黒中の 5 度視標の輝度では 0.33，3 kHz の音の音圧では 0.67 などと報告されています．$\alpha<1$ のときは，感覚の強さの増加の割合は刺激が強くなるほど減少し，$\alpha>1$ のときは，感覚の強さの増加の割合は加速度的に増加します．$\alpha=1$ のときは線形となり，たとえば物体の長さを視覚で評価するときに得られます（図2.56）．

　スティーヴンスが用いたマグニチュード推定法は，実験参加者に 1 系列の刺激を示し，各刺激についてその感覚的大きさを数詞によって直接的に推定させる方法です．基準となる刺激に対して，観察刺激がそれの何倍にあたるかを回答させます．

参考文献

- 舘暲・佐藤誠・廣瀬通孝　監修，日本バーチャルリアリティ学会　編集：バーチャルリアリティ学，コロナ社（2011）
- 蔵田武志・清川清　監修，大隈隆史　編集：AR（拡張現実）技術の基礎・発展・実践，科学情報出版株式会社（2015）
- 岩村吉晃：タッチ（神経心理学コレクション），医学書院（2001）
- 日本バーチャルリアリティ学会VR心理学研究委員会：だまされる脳—バーチャルリアリティと知覚心理学入門，講談社（2006）
- 大越孝敬：三次元画像工学，朝倉書店（1991）
- Cruz-Neira,C., Sandin,D.J., DeFanti,T.A.: Surround-Screen Projection-Based Virtual Reality: The Design and Implementation of the CAVE; Proc. of SIGGRAPH'93, pp.135-142 (1993).
- 廣瀬通孝，小木哲郎，石綿昌平，山田俊郎："多画面全天周ディスプレイ（CABIN）の開発とそ

の特性評価”，信学論 D-II, J81, 5, pp.888-896（1998）

- Jotaro Shigeyama, Takeru Hashimoto, Shigeo Yoshida, Takuji Narumi, Tomohiro Tanikawa, and Michitaka Hirose：2019. Transcalibur: A Weight Shifting Virtual Reality Controller for 2D Shape Rendering based on Computational Perception Model. In Proceedings of the 2019 CHI Conference on Human Factors in Computing Systems（CHI '19）. Association for Computing Machinery, New York, NY, USA, Paper 11, 1-11.
- Tomohiro Amemiya, Hiroaki Gomi：“Distinct pseudo-attraction force sensation by a thumb-sized vibrator that oscillates asymmetrically”, In Proc. of Eurohaptics 2014, Vol.II, pp.88-95, Versailles, France, June 2014.
- Kazuma Aoyama, Hiroyuki Iizuka, Hideyuki Ando and Taro Maeda：“Four-pole galvanic vestibular stimulation causes body sway about three axes”, Scientific Reports. 5, 10168; doi: 10.1038/srep10168（2015）
- Charles Spence：“Crossmodal correspondences: A tutorial review”, Attention, Perception, & Psychophysics, vol.73, no.4, pp.971-995（2011）
- Anatole Lecuyer, Jean-Marie Burkhardt, and Laurent Etienne：Feeling bumps and holes without a haptic interface: the perception of pseudo-haptic textures. In Proceedings of the SIGCHI Conference on Human Factors in Computing Systems（CHI '04）. Association for Computing Machinery, New York, NY, USA, pp. 239-246, 2004. doi.:10.1145/985692.985723
- Yusuke Ujitoko and Yuki Ban：Survey of pseudohaptics: Haptic feedback design and application proposals. IEEE Transactions on Haptics, Vol. 14, No. 4, pp. 699-711（2021）
- Mahdi Azmandian, Mark Hancock, Hrvoje Benko, Eyal Ofek, and Andrew D. Wilson：Haptic Retargeting: Dynamic Repurposing of Passive Haptics for Enhanced Virtual Reality Experiences. In Proceedings of the 2016 CHI Conference on Human Factors in Computing Systems（CHI '16）. Association for Computing Machinery, New York, NY, USA, pp. 1968-1979. 2016. doi:10.1145/2858036.2858226
- 雨宮智浩：“知覚の非線形性を利用した牽引感提示”，（特集「ヒトの触感覚特性を活かす」），日本ロボット学会誌，Vol. 30, No. 5, pp. 483-485（2012）
- Tomohiro Amemiya：“Influence of hand-arm self-avatar motion delay on the directional perception induced by an illusory sensation of being twisted”, Scientific Reports, Nature Publishing Group, Vol. 12, 6626, April 2022. doi:10.1038/s41598-022-10543-y
- 横澤一彦・浅野倫子：共感覚：統合の多様性（シリーズ統合的認知），勁草書房（2020）
- Marc O. Ernst and Martin S. Banks：Humans integrate visual and haptic information in a statistically optimal fashion. Nature, Vol. 415, No. 6870, pp. 429-433（2002）
- https://developer.oculus.com/blog/how-does-oculus-link-work-the-architecture-pipeline-and-aadt-explained/
- 大山 正・今井 省吾・和気 典二　編集：新編 感覚・知覚心理学ハンドブック，誠信書房（1994）
- 内川惠二　編集：聴覚・触覚・前庭感覚，朝倉書店（2008）
- 岩田 洋夫：VR 実践講座 HMD を超える 4 つのキーテクノロジー，科学情報出版株式会社（2017）

3章

メタバース/VR を構成する基礎技術
～計測・表現～

メタバースの世界や環境側を作成し，アップデートするためには，人間を含んだ物理世界の位置情報や運動情報，そして生体情報を取り込み，計算機で作ったモデルに反映させることが必要となります．精緻なセンシング技術と物理世界に沿ったシミュレーション，そしてディスプレイ技術とつなぐレンダリング技術が重要な基礎技術となります．本章では物理世界の情報を取り込む方法と，メタバースや VR 世界の作り方，そしてつなぎ方について述べます．

3.1　物理世界のセンシング

物理世界にいる人間の身体状態や運動状態といった物理特性をメタバースの世界に取り込むための計測技術について説明します．

3.1.1●モーションキャプチャ

モーションキャプチャ（motion capture）とは人間の姿勢計測を行う装置の総称です．身体の動きを計測する方法にはさまざまな方式があります．身体にセンサ（慣性センサや磁気センサ，機械式センサ）を取り付ける方式もあれば，非接触でカメラなどを使って推定する方式（光学式センサや画像処理）もあります．全身の動きを計測するためのモーションキャプチャ用のスーツ，キャップや手袋もあり，そのスーツには反射マーカを貼り付けたり，慣性センサが組み込まれたりしています（図3.1）．現在は，慣性センサ方式，光学式，画像処理方式が主に用いられています．

（1）慣性センサ方式

慣性センサ方式は，身体の部位に加速度センサやジャイロセンサなどを取り付け，加速度や角速度といった身体の動いた量を検出します（図3.2）．こうした値を積分することで，身体部位の位置や角度を推定します．このとき**ドリフト誤差**と呼ばれる誤差が生じます．

慣性センサには，一般に圧電素子を用いた圧電型加速度センサや振動式ジャイロセ

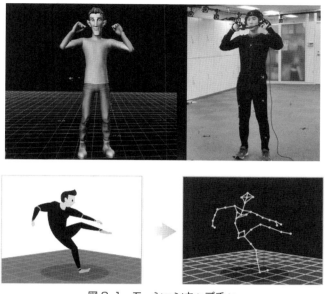

図3.1　モーションキャプチャ

（https://mocap.jp/wp-content/uploads/2020/07/%E5%9B%B340.png）

図3.2　慣性センサの例 (mocopi, Sony)

ンサが用いられます．これらの方式は軍事や航空宇宙分野で用いられている光学式ジャイロセンサと比較して性能が劣るため，測定誤差は大きくなります．また，元々連続値である加速度や角速度をサンプリングして離散値として扱うため，真値との間に誤差が生じます．サンプリング周波数を上げれば精度は高まりますが，得られるデータは動きの微分値なので，長時間の計測では積分誤差は避けられません．積分誤差を最小化するさまざまな手法が提案されています．たとえば，地磁気センサによる方位情報や，加速度センサで重力方向の情報を利用して角度の積分誤差の補正が行われます．

（2）光学式センサ方式

　光学式センサ方式は，ある範囲を囲むように複数のカメラを配置してキャプチャ空間を構築し，そのカメラの撮影範囲で位置を計測する方式です．絶対的な位置精度が高い特徴がありますが，マーカがカメラから隠れるオクルージョンが発生するとトラッキングできなくなります．そのため，カメラの配置やマーカの貼付位置を工夫する必要があります．

　カメラ１台だけではマーカの二次元の位置しか算出できません．つまり，各画素に対応する点とカメラ間の距離がわからなくなります．各カメラからの二次元の情報は，事前にキャリブレーション（較正，校正）で定義された互いの位置関係を基に奥行きを算出し，三次元の情報が算出されます．つまり，一つのマーカは２台以上のカメラから見えている必要があります．算出方法にはステレオマッチングが用いられます．**ステレオマッチング**とは三次元空間に存在する点を２台のカメラで捉える際に，各カメラの二次元画像から三次元の奥行情報を復元することをいいます．人間の両眼視もステレオマッチングといえます．

　計算には**エピポーラ幾何**（epipolar geometry）が用いられます．図３.３のような同一の点 P を異なるカメラ位置 C と C′ で撮影したときを考えます．カメラ位置 C では，投影面には p として写っています．しかし，p を取り得る三次元位置は図３.３のように P_1 や P_2 など直線 CP 上に複数あり得ます．

　p が投影面に表示されるとき，P は空間上では任意の位置を取り得ますが，C と C′ と P の３点は常に同一平面上に存在します．この平面は**エピポーラ平面**と呼ばれます．さらにエピポーラ平面は各投影面では直線に投影されます．この直線は**エピポーラ線**と呼ばれます．エピポーラ線上のどこかに必ず P の投影点 p（あるいは p'）が存在します．すべての対応点 p と p' の間に

$$p^{\mathrm{T}} E\, p' = 0$$

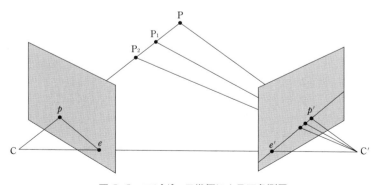

図3.3　エピポーラ幾何による三角測量

図3.4 キャリブレーションワンド

という関係式が成り立ちます．この関係式を**エピポーラ拘束**と呼びます．E は基本行列（essential matrix）で，p から p' への回転行列 R，移動ベクトル t による外積と同じ作用となる歪対称行列 $[t\times]$ を用いて

$$E=[t\times]R$$

と表せます．ある画像上の点を別の画像上のエピポーラ線にマッピングすることができます．エピポーラ拘束は二つの投影面の対応関係があることを示すもので，この拘束式が画像間での対応点探索や三角測量に使用できます．キャリブレーションボードなどを用いて2カメラ間を予めキャリブレーションしておけば，カメラ外部行列の情報を含んだ基本行列 E が手に入ります．

それに対して，使用する2カメラの内部パラメータ（レンズ歪みなどのカメラ固有のパラメータで，3.2.3項で詳説）がキャリブレーションされていない場合は，複数の点対応を集めてそれらを拘束条件化し，最小自乗法や random sample consensus（RANSAC）などを用いて，対応点間の幾何関係を基礎行列（fundamental matrix）F として推定します．C にあるカメラの内部行列 K，C' にあるカメラの内部行列 K' を使って

$$F=(K'^{-1})^{\mathrm{T}} EK^{-1}$$

と表されます．ただし，画像座標 m，m' はそれぞれ $m=Kp, m'=K'p'$ で，$m'^{\mathrm{T}}Fm=0$ のエピポーラ拘束となります．

ある物体に対してカメラを移動しながら，複数の視点の二次元画像から撮影することで三次元形状を復元する **Structure from Motion** でも上記の方法を用います．

モーションキャプチャシステムのキャリブレーションには複数のマーカが高精度の間隔で配置された**キャリブレーションワンド**と呼ばれる棒を用いるのが一般的です（図3.4）．L字やI字もありますが，T字がよく用いられます．2台以上のカメラから撮影されるようにキャリブレーションワンドを振ることで，各カメラの位置，姿勢，レンズの歪みを計算し，高精度なキャリブレーションを行うことが可能です．

　モーションキャプチャシステムではマーカの三次元の位置情報が取得できますが，予め，複数のマーカの点で構成される面や立体を**剛体**（rigid body）として登録しておくことで，その姿勢（角度）を計算することもできます．一般的には赤外線を発光するライトを備えたカメラと反射マーカが用いられます．反射マーカは，赤外光を反射するため，2.1.2 項で紹介した再帰性反射材が表面に塗布あるいは貼付されることが一般的です．電源を用いないので**パッシブマーカ**と呼ばれます．屋外での撮影や遠方のカメラによる撮影などでは赤外発光 LED をマーカとして使う**アクティブマーカ**が用いられることもあります．また，外部からの不要な光を排除するために赤外領域のバンドパスフィルタをカメラレンズに装着して精度を高める方法などがあります．モーションキャプチャでは高い位置精度で点群のデータが得られます．ただし，マーカの装着やキャリブレーションなどの準備に手間がかかることに注意が必要です．さらに，計測時にはカメラから見て手前にある物体がその後ろの物体を隠す**オクルージョン**（occlusion）が生じ，マーカを見失うことでデータが欠損することがあります．オクルージョンを防ぐためにはカメラの台数を増やして死界を減らすことが有効ですが，カメラは安価ではないので費用が大きくなります．また，すべてのマーカはカメラからは区別のない同じ光点として見えているため，近くにある複数マーカが交差する際に見失うこともあります．

(3) 深度カメラによる画像処理方式

　奥行きを推定する方法として，撮影地点からの距離が測定できる**深度カメラ**を使う方式があります．深度カメラを使った方式では Microsoft の **Kinect** が有名です．元々は家庭用ゲーム機「Xbox 360」の入力センサデバイスとして登場しましたが，Windows PC にも使える SDK が公開され，NUI（natural user interface）として広く使われるようになりました．Kinect の計測方式はバージョンごとに方式が変わっています．Kinect for Windows v1 では IR プロジェクタを使用してドットの模様のような赤外線パターンを投光，そのパターンを IR カメラで撮影して，パターンの歪みから深度情報を計算しています．パターンが照射された先に，何か物体があると図 3.5 のようにパターンが歪みます．この方式は **light coding 方式**（**パターン照射方式**）と呼ばれ，検出範囲が比較的広く，中距離で人物の全身の動きをセンシングするような用途に適しています．一方，40 cm より近いような近距離での細かなセンシングは得意ではありません．なお，パターンを投光せずに，赤外線 LED の投光と，それに照らされた手や指を赤外線カメラで撮影するステレオカメラ方式であれば，数 cm 程度の近距離でも利用可能です．

　それに対して，Kinect for Windows v2 では **ToF**（**time-of-flight**）**方式**が採用されました．自動運転の技術で注目されている LiDAR（light detection and ranging）も

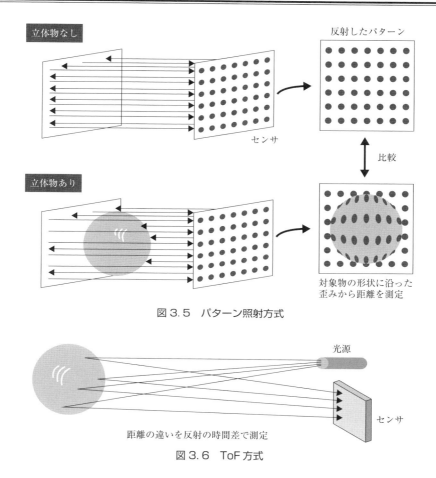

図3.5　パターン照射方式

図3.6　ToF方式

同じく ToF を採用しています．ToF 方式ではレーザなどの変調した光を照射し，反射して戻ってくるまでの時間（飛行時間）を使って，距離を計測しています（図3.6）．

　ToF 方式では光以外にも超音波や電磁波などを照射することがありますが，測定範囲や分解能の兼ね合いからレーザ光や赤外線 LED が一般的に使用されます．ただし，霧や雨がある計測環境では，そうした粒による影響が小さいミリ波が用いられます．超音波は水中で減衰することなく波を伝えられるので水中での計測に積極的に利用されています．

（4）ディープラーニングによる姿勢推定

　深度センサを具備していない，一般的な単眼カメラで得られる画像から人物抽出する方法は古くから画像処理の分野では研究されてきました．近年は機械学習を用いて姿勢を推定する方式の精度が高まっています．これらは，特別なマーカや赤外光など

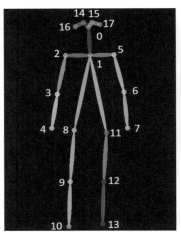

図 3.7　ディープラーニングによる姿勢推定の例（OpenPose）
（https://nanonets.com/blog/human-pose-estimation-2d-guide/）

を使うことなく，人物や動物を撮影した動画から**骨格点座標**（keypoints）を直接抽出することが可能で，**pose estimation（姿勢推定）技術**と呼ばれています．pose estimation では，ディープラーニングを用いて RGB 画像から人間の関節の検出（**キーポイント検出**，keypoint detection）を行います（図 3.7）．代表的なシステムである **OpenPose** はリアルタイム 2D 姿勢推定ソフトウェアとして初めてオープンソースとして公開されました．OpenPose では処理速度が入力画像中の人物の数に依存せず，非常に高速にキーポイント検出を行うことができます．OpenPose は GPU で最適化されています．OpenPose に近い技術には Google の MediaPipe があり，こちらは CPU で最適化されています．

　pose estimation は検出の順番に応じて，top-down と bottom-up に分かれます．top-down とは，先に人物を検出し，検出した人物に対して骨格点座標を推定する方法です．bottom-up とは，先に骨格点を検出し，検出した骨格点の距離をもとに人物ごとにグルーピングする方法です．top-down の方が高い精度が出やすく，人物の大きさによる影響を受けにくいといわれています．それに対して，bottom-up の方が比較的高速に実行可能で，画像内の人数に影響されにくいといわれています．

（5）VR 機器のトラッキング

　頭部や手先のトラッキングは VR 体験において非常に重要です．ここまでに紹介したような慣性センサや光学式センサを用いて VR ヘッドセットやコントローラの姿勢が推定されています．カメラやセンサを HMD に組み込むか，環境に設置するかによって方式が分類されています（図 3.8）．

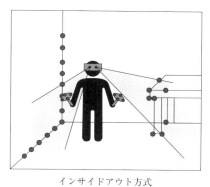
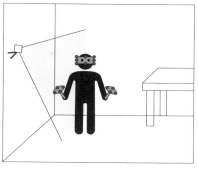

インサイドアウト方式　　　　　　　　　アウトサイドイン方式

図3.8　インサイドアウト方式とアウトサイドイン方式によるトラッキング

　インサイドアウト（inside-out）**方式**では，HMD 自体にカメラやセンサが内蔵されている方式で，HMD の位置を基準として相対的な位置関係を計測します．外部にLED 発光器やセンサを設置する必要がなく，利用しやすい方式といえます．特にHMD のカメラやセンサから見えやすい手のトラッキングを中心とした用途ではよく用いられます．ただし，HMD のカメラやセンサから見えない物体は検出できないため，この方式だけでは全身のトラッキングが難しいことが問題となります．Meta Quest 2 はインサイドアウト方式を採用しています．

　アウトサイドイン（outside-in）**方式**では，環境側に LED 発光器やカメラ，センサなどの端末を設置し，その端末を使って HMD の位置や姿勢を計測します．環境側に発光端末を設置し，そこから放射状に出されるレーザを HMD に取り付けられた受光素子で受光し，受光時間や各点受光の角度，時間差から逆算して位置を割り出す方法があります．HTC VIVE Pro はこの方式を採用した三次元トラッキングシステムを行い，**Lighthouse** と呼んでいます．Lighthouse では Base Station と呼ばれる装置から赤外レーザを発光し，空間をスキャンしています．全身の各部位に VIVE Tracker（トラッカ）と呼ばれるセンサを付けることで複数の点が追跡できるようになります．また，環境側にカメラを設置し，HMD に取り付けられた発光素子が発する光をカメラが認識，画像処理して位置を割り出す方法もあります．こちらの方式はPlayStation VR で採用されています．

　なお，インサイドアウト方式とアウトサイドイン方式は併用することが可能なため，両方を組み合わせたハイブリッド方式もあります．

　インサイドアウト方式でもアウトサイドイン方式でも HMD と両手のコントローラの位置情報からアバタに動きを反映させるようなときは**3点トラッキング**と呼ばれます．VR 空間の中で頭と手を動かすことができます．さらに腹部や両足にトラッカ

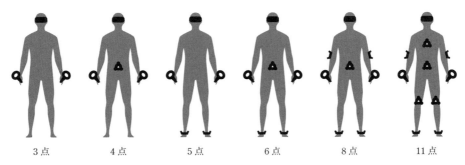

3点　　　4点　　　5点　　　6点　　　8点　　　11点

図3.9　多点トラッキング用のトラッカの装着位置の例（HTC VIVE Tracker）

を追加する6点トラッキングや，膝や肘に追加する10点トラッキングなどもあり，VR空間の中で四肢の動きを対応させることができます．足や腰を含めた全身の動きを反映させることを**フルトラッキング**（full-body tracking）と呼ぶことがあります（図3.9）．多点トラッキングを光学式センサで行う場合にはアウトサイドイン方式が一般的に用いられます．ほかにも慣性センサ方式を使ったフルトラッキング方式は安価で，大規模な設備が不要なことから採用されることが増えています．

　ただし，トラッカやセンサにはバッテリーが内蔵されていますが，長時間利用するにはモバイルバッテリーがついたベルトやバンドを使う必要があります．それに対して，モーションキャプチャのパッシブマーカや画像処理による方式ではバッテリーの心配はありません．

(6) その他の方式

　磁気を利用した**磁気式モーションキャプチャ**では，磁界発生装置を置き，x, y, z軸のそれぞれに対応した交流磁界を発生させます．その磁界内で，小型の3軸コイルから成るレシーバを動かすと，各軸に生じる起電力の違いから，磁界発生装置からの距離と角度を推定する方法です．Polhemus社の製品が有名です．

　磁気による空間位置姿勢の計測は，ファラデーの電磁誘導の法則とレンツの法則に基づいています．これらの法則の「磁束が変化するとき，その変化を妨げる方向に起電力が生じる」,「起電力の大きさが磁束の変化の割合に比例する」という性質を使って，起電力の変化量からコイルの位置を推定します．光学式センサではオクルージョンによって計測できないことがありますが，磁気式では運動に伴う死角がないことが特徴です．計測精度は位置計測誤差が1mm以下，角度計測誤差が1°以下といったシステムが多く，応答速度もシステム全体として120Hz程度の計測が可能です．ただし，計測範囲の周囲に金属などの磁性体が存在すると，磁界が歪み精度に影響します．そのため，木製の台などを用いる必要があります．さらに，鉄筋コンクリートや建物の鉄骨からも影響を受けるため，測定環境にも注意が必要です．また，レシーバ

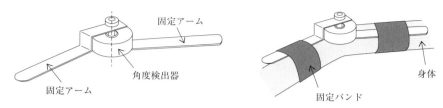

図3.10　ゴニオメータ

の数が増えるとサンプリングレートが低下するため，多数の物体のトラッキングには向いてません．

　超音波を用いた**超音波センサ**では，前述のToF方式のほかに，設置された数個の超音波発信器それぞれから時間をずらして超音波を発信し，計測部に取り付けたマイク（受信器）で拾い，到達時間の差から距離を逆算する方式があります．VIVE Focus PlusなどVRコントローラの検出に超音波トラッキングが用いられることもあります．

　機械的なリンクを用いて，角度を計測する**ゴニオメータ**（goniometer）もあります．ゴニオメータは光学機器に用いられる計器ですが，リハビリテーションなどの身体運動計測において手指や腕，膝の関節可動域の計測などにも使われています．図3.10に示す分度器のような形状で身体の関節部分の角度を計測するためにアームを固定させる必要があります．回転角度に応じて抵抗値が変化する**ポテンショメータ**（potentionmeter）を利用することが多いですが，光ファイバを使用した曲げセンサが使われることもあります．安定した精度の角度情報が取得できますが，固定アームやフレームそのものを動かす必要があるため，運動や姿勢に影響が出ないように注意する必要があります．

3.1.2●生体情報センシング

　生体反応を計測することで，VRやメタバースの体験者の心理状態を推定することができます．体験者が装着するHMDの中に眼球運動計測センサを組み込んだり，脈拍や心拍センサを組み込んだりするシステムが開発されています．ほかにも，脳波，筋電位，皮膚コンダクタンス，呼吸，皮膚体温などが計測対象として挙げられます．これらの生体情報は，ストレスや不快の度合い，眠気，VR酔いなどの推定に活用されています．生理指標を計測する意義は，主観報告できない変化や，意識できないことを計測できる可能性があることです．

（1）筋電図

　筋が収縮するときに生じる活動電位は**筋電図**（EMG：electromyography）と呼ば

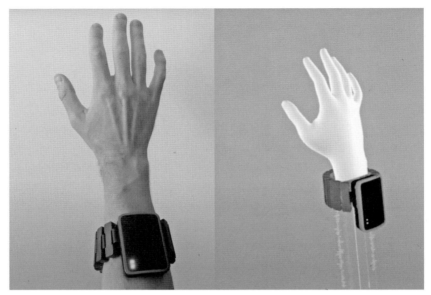

図3.11　筋電センサによるバーチャルハンドの操作（CTRL-Labs，FRL Research）

れます．針状の電極を筋に直接刺す**針筋電**と，皮膚表面に設置した電極で計測する**表面筋電**があり，VRでは後者が一般的に用いられます．表面筋電は比較的簡便に計測できますが，mVやμVオーダの信号であるため，さまざまな電気信号がノイズとして混入します．筋電位の振幅は，力を入れて筋の緊張度が高いほど，振幅が大きくなります．ただし，筋と皮膚表面までの距離によって筋電位信号の出力が変わるため，異なる筋どうしや，異なる実験参加者間の比較は容易にはできません．そのため，対象となる筋に対して意識的に発揮できる最大張力である**最大随意収縮力**（MVC：maximum voluntary contraction）を計測し，%MVCとして振幅値を比較することが行われます．なお，得られる筋電位信号は電極の下にある複数の筋の筋電の総和となりますが，電極から近い筋線維の活動電位の影響をより強く受けます．

　EMGは運動準備の時刻の推測や，筋緊張の大きさや継続時間の評価などに利用できます．また，手首や前腕に巻いた筋電センサで，機械学習などを用いて前腕，手首，指の動きを検知する手法が研究され，VRコントローラとしての利用に関する研究が進められています（図3.11）．**筋電義手**と呼ばれる筋電位で動作制御する電動義手の研究開発も進んでいます．

（2）心電位とストレス指標

　　心電位は心臓の活動に伴って生じる電位変化，つまり，心筋の筋電のことです．心電位を記録したものが**心電図**（ECG：electrocardiogram）になります（図3.12）．

心臓の心房や心室の収縮によって生じる心電位の変化には P 波からアルファベット順に名前がついています．私たちの心拍は一定の間隔で鼓動を打つのではなく，安静時でも周期的に揺らいでいることが知られています．この周期的な心拍のゆらぎを**心拍変動**（HRV：heart rate valiability）と呼びます．心拍の拍動の間隔は R 波と R 波の間隔を計測して取得することが一般的です．この R 波と R 波の間隔は **R-R interval**（RRI）と呼ばれ，この逆数から心拍数が計算できます．RRI は自律神経系の活動の推定に使われます．RRI の時間変化を，フーリエ変換を使って周波数解析すると，典型的な場合，0.1 Hz 付近と 0.3 Hz 付近にスペクトルのピークが見られます．前者を**低周波成分**（LF：low frequency component），後者を**高周波成分**（HF：high frequency component）と呼びます．HF 成分と LF 成分の大きさを計測するにはいくつか方法がありますが，一般的にはパワースペクトルの LF 成分の領域（0.05 Hz から 0.15 Hz まで）と HF 成分の領域（0.15 Hz から 0.40 Hz まで）の強度を積分した値を用います（図 3.13）．

二つのピークが見られることは心拍変動に周期性があり，2 種類の要因によって生じていることを示唆します．LF 成分は血圧調整（10 秒周期の血圧変動）に，HF 成分は呼吸に関連しているといわれています．そのため，LF 成分は交感神経系と副交感神経系の両方，HF 成分は副交感神経系の影響を受けていると考えられます．副交感神経系が優位にある場合に HF 成分が現れることから，HF 成分の数値を副交感神経系の活性度（緊張度）とする場合もあります．それに対して，交感神経系が優位でも，副交感神経系が優位でも，LF 成分は現れるため，LF と HF の比である LF/HF が交感神経系の活性度，つまり，ストレス指標として用いられています．

リラックス状態にある（副交感神経系が活性化している）ときには相対的に HF 成分が大きくなるので LF/HF の値は小さくなり，ストレス状態にある（交感神経系が

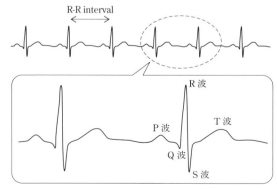

図 3.12 心電図の例

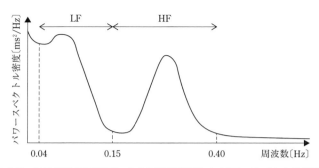

図3.13　心拍変動時系列データを周波数解析したパワースペクトル密度の例

活性化している）ときには HF に対して LF 成分が大きくなるので LF/HF の値が大きくなります.

　　心拍数は心臓が 1 分間に打つ回数, **脈拍数**は身体の各部の血管が 1 分間に拍動する回数です. 不整脈がない場合, 心拍数と脈拍数は一致します. 心拍数の計測には心電図のほか, 光電脈波法, 血圧計測法, 心音図法などの方法があります. この中の**光電脈波法**は**脈波センサ**を使って計測する方法です. **脈波**は心臓が血液を送り出すことに伴い発生する, 血管の容積変化の時系列パターンです. 光電脈波法の脈波センサには測定方法の違いから透過型と反射型があります.

　透過型は, 体表面から赤外線や赤色光を照射し, 心臓の脈動に伴って変化する血流量の変化を, 体内を透過する光の変化量として計測することで, 脈波を測定します. この方式は光を透過しやすい指先や耳垂（耳たぶ）などで計測できます. それに対して, 反射型は, 赤外線や赤色光また緑色光を照射し, 受光素子を用いて生体内を反射した光を測定し, 脈動に伴って変化する血管の容量を検出することで脈波を測定します. 反射光の計測なので, 透過型のように測定箇所を限定する必要がありません.

　スマートウォッチに組み込まれている光電脈波法の脈波センサでは, 緑色あるいは赤外線 LED の光を手首の血管に照射し, 皮膚表面から透過した光の反射光を受光素子（たとえばフォトダイオード）で検出し, 血中のヘモグロビンの動きから心拍数を測定します. ヘモグロビンは青や緑の光を吸収し, 赤い光を反射します. 脈動のたびに光の吸収量が変化するため, 緑色光を当てて反射光量の変化を測定すれば心拍数がわかるという仕組みです. 赤外線や赤色光を使うこともできますが, 屋外では太陽光に含まれる赤外線などの影響を受けるため, 安定した脈波測定が困難となります. 計測場所は指先や手首が一般的ですが, HMD を装着する場合には眼や鼻の付近の接触部分に脈波センサを組み込むことで脈波を測定することができます.

　心拍以外のストレス指標としては, 精神性発汗や唾液のアミラーゼ活性も用いられ

ることがあります。精神性発汗の計測には**皮膚コンダクタンス反応**（SCR：skin conductance response）が主に用いられます。また，唾液のアミラーゼの活性はストレスに応じて増加することから，刺激の前後に唾液を採取し，それを解析する方法が用いられます。また，鼻孔の直下に温度センサや CO_2 センサを取り付けることで呼気や吸気を計測する方法もあります。

（3）アイトラッキングと眼球運動計測

　VR ゴーグルの中には**アイトラッキング**が実装されたものが登場しています。HTC 社の VIVE Pro Eye や HP 社の HP Reverb G2，Pico Neo 3 Pro Eye などが挙げられます。それにより VR の体験で重要な，個人ごとに異なる瞳孔間距離（IPD）の自動測定が可能となるだけでなく，視線を使った操作やアイコンタクトなどの意思疎通のコミュニケーションが実現できます。また，注視しているオブジェクトや領域に優先的にレンダリングパフォーマンスを配分するような仕組みに活用することができます。

　一方，眼球運動は，環境を視認するための感覚と運動の両方の機能をもっているため，視覚情報処理の仕組みを理解するうえで重要な情報です。視線方向という注視や興味の対象が検出できるだけでなく，「目は口ほどにものを言う」や「目は心の窓」という言葉があるように心理状態を反映することが知られています。さらに眼球運動は ALS 患者をはじめとする重度肢体不自由者において，最も長く残る運動機能であるため，視線方向を利用したコミュニケーション支援装置にも活用されています。

　視線方向の検出には，センサを身体に接触させる方式と，画像処理により非接触で計測する方式があります。ただし，非接触の方式でもアイカメラのように計測器を装着して使用することも可能です。

　サーチコイル法は，コイルを埋め込んだコンタクトレンズを装着し，周囲に生じさせた一様な磁界の中で，角膜上のコイルに生じる誘導電流からコイルの向き（つまり視線方向）を推定する手法です。コイルが眼球にうまく装着されていれば高い精度で眼球運動が計測できますが，眼の中に異物をいれるためユーザへの負担が大きく，頭部は動かすことができないなどのデメリットがあります。

　眼電位（EOG：electrooculogram）は，筋電計測と同様の装置で計測できる生理指標です。眼球は角膜側と網膜側に電位差をもつため，眼の周辺に電極を貼ることで電位差を観測できます。ヒトの眼球は一般に角膜側は正の電荷，網膜側は負の電荷を帯びています。つまり，黒目が「電池」の正（＋）極のようになっています。そのため，眼球運動に伴って，眼の周辺に貼られた電極間の電位差が変化し，この電位変化を計測することで眼球運動が推定できます。眼を閉じていても計測できることがメリットです。JINS MEME はメガネの鼻パッドの部分に電極を取り付けて，眼電位を計測す

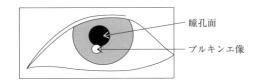

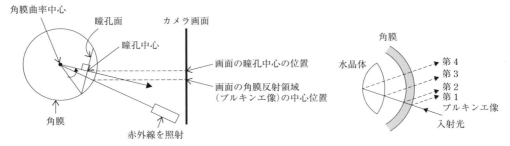

図3.14　角膜反射法による視線方向の推定

るメガネ型ウェアラブルデバイスの代表例で，アバタの動きや表情コントロールにも使われています．

　強膜反射法は，角膜と強膜（黒目と白目）の反射率の違いを使う方法で，近赤外線などの光源からの反射量の変化を用いて眼球運動を計測します．反射光量はフォトトランジスタやフォトダイオードなどの受光素子によって取得します．構成がシンプルなので安価で実現できます．左右方向（水平方向）の眼球運動については高精度で，かつ高い時間分解能で検出できますが，上下方向の計測には適さないといわれています．なお，可視光ではなく赤外光を使う理由は，ユーザにまぶしさを感じさせないためです．

　角膜反射法（PCCR：pupil centre corneal reflection）は，カメラと近赤外線などの光源を用いた画像処理によって視線方向を推定する方法で，角膜の曲率中心と眼球の回転中心が異なることを利用しています．近赤外線を照射したときに角膜表面にできる輝点は**プルキンエ像**（プルキニエ像，Purkinje）と呼ばれます．より正確には，角膜前面，角膜後面，水晶体前面，水晶体後面の各屈折面で反射し，それぞれ第1, 2, 3, 4プルキンエ像といいます．第1プルキンエ像が最も明るくなります．プルキンエ像は眼球が回転しても常に同じ位置にあるので，プルキンエ像と瞳孔中心との位置関係から眼球の三次元の姿勢を求めることができます．図3.14に二次元に単純化したモデルを示します．画面上のプルキンエ像と瞳孔中心の座標値から，赤外線の照射方向に対する眼球の角度が計算できます．実際には眼球は完全な球体ではなく，さらに角膜形状に個人差があるため，事前にキャリブレーションが必要となります．

図 3.15 HMD に組み込まれた IR センサに
よるアイトラッキングの例（VIVE Pro Eye）

HTC VIVE Pro Eye で使われているアイトラッキング技術は，この角膜反射法をベースにしたものになっています（図 3.15）.

　また，角膜表面の反射光に加えて，角膜内部の反射光を組み合わせて位置を検出する，**dual Purkinje image（DPI）法**という方式も存在します．これは前述した四つのプルキンエ像のうち，第 1 プルキンエ像と第 4 プルキンエ像を使用し，頭部運動を相殺する方法です.

　固視微動とはある 1 点を注視しているときでも無意識のうちに生じる眼球運動のことで，そのうち 1 回の動きの幅が最も大きい跳躍性の眼球運動を**マイクロサッカード**といいます．マイクロサッカードの動きの大きさは視野角で 1°，時間は 10 ms 程度です．この動きは注意などの心理状態と密接な関係があるといわれ，潜在的注意の方向やタスクへの集中度などの推定に使われます．外部の光や音に注意が向けられると，その直後の数百 ms 間，マイクロサッカードが起こりづらくなるという現象が報告されています.

　また，**瞳孔径**（pupil diameter）は環境の照度によって変化しますが，ユーザの覚醒の度合いや快・不快などによっても大きさが変わることが報告されています．瞳孔径は，瞳孔括約筋と瞳孔散大筋の活動のバランスによって決定され，それぞれが副交感神経系および交感神経系の影響を受けているといわれています.

（4）フェイストラッキングと表情認識

　顔の動きを検出することを**フェイストラッキング**（face tracking）と呼びます．フェイストラッキングによりユーザの表情や口の動きを VR アバタに反映させることができます．顔の動きだけでなく，頬や舌の検出も含まれます.

　表情とは感情や思考などの心理状態によって変化する顔つきのことです．表情は主に**表情筋**（facial muscle）で作られます．進化論で有名な Charles Darwin 氏はヒトには生まれながらにして表情が備わっており，進化の過程において獲得された行動様

式であると主張しました．表情は言語的コミュニケーションの補足的な役割だけでなく，自身の心理状態を他者に伝達する役割を果たします．実際のユーザの表情ではなく，VR 空間でのアバタの表情を心理状態に応じて生成するのに利用できます．

　　感情と表情に関する先駆的な研究を行った**エクマン**（Paul Ekman）は文化に依存しない普遍的な表情があるという理論を提唱し，「怒り，喜び，恐れ，悲しみ，驚き，嫌悪」の六つの基本感情は万国共通であると報告しました．その後の研究では，中間の曖昧な感情の表現が難しいことや，西洋と東洋の文化圏で表情の表出に違いがあること，顔の筋肉について解剖学的・運動学的な違いがあることなどが指摘されていますが，簡易型の感情分類などでは現在もよく用いられています．表情の変化は，身振り手振りのような身体の動きと比較すると小さな運動です．そのため，小さな反射マーカを顔に貼付して光学式モーションキャプチャで計測する方法や，カメラで撮影した映像の特徴点マッチングを行い，テンプレートと比較する手法がよく用いられます．Ekman 氏 と Wallace Friesen 氏 に よって 1978 年 に 開 発 さ れ た **facial action coding system**（FACS）は，表情によって顔面形状が変化することを，表情筋の動きを踏まえた観察可能な 40 以上の**動作単位**（AU：action unit）として選び，機械判別可能な形に符号化する方法です．

　　さらに口角や眉間の表情筋を動かす電気信号を記録し，電気信号から表情を推定する方法も提案されています．19 世紀のフランスの神経科学者の**デュシェンヌ**（Guill-aume Benjamin Amand Duchenne）は顔に局所的な電気刺激を与えることにより表情筋活動を生じさせ，その表情を撮影した写真を分析しました．その結果，本当の笑顔は大頬骨筋と眼輪筋が同時に収縮し，偽装された笑顔（作り笑顔）は大頬骨筋のみが収縮することを発見しました．そこから，本当の笑顔は**デュシェンヌスマイル**と呼ばれています．

　　画像から FACS を認識するモデルとして有名なのが **OpenFace** です．近年は CNN ベースのモデルが用いられることが多いですが，FACS を用いて画像を一度符号化した後に特徴量ベクトルを統計的モデルやベクトル空間モデルで分類することも可能です．

　　HMD を装着する場合，顔の一部が HMD で隠れてしまいます．そのため，多くの市販の VR デバイスでは口付近を撮影するカメラやセンサを用いることで表情を検出します．VIVE Facial Tracker は HMD に外付けするセンサで，二つのカメラと赤外線センサによって，唇や舌，顎の動きなどを読み取ります．また，Facebook Reality Labs は機械学習を用いた表情検出の研究を進めています．訓練用 HMD に内蔵した 9 台のカメラからの画像を使って学習し，そのうちの 3 台のカメラだけを使った HMD で正確な表情を生成するシステムを発表しています（図 3.16）．

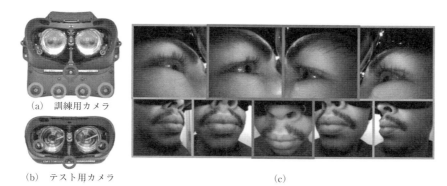

(a) 訓練用カメラ

(b) テスト用カメラ

(c)

図 3.16 HMD に内蔵したカメラを用いた表情認識（VR Facial Animation via Multi-view Image Translation）

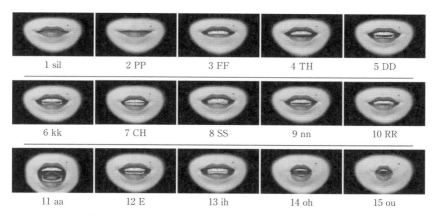

1 sil	2 PP	3 FF	4 TH	5 DD
6 kk	7 CH	8 SS	9 nn	10 RR
11 aa	12 E	13 ih	14 oh	15 ou

図 3.17 OVRLipSync で用いられる口形素 15 種類

（https://vrxr0.com/lipsync/）

　会話中の口の動きだけであれば，センサを用いずに**リップシンク**（lip sync）と呼ばれる発声に合わせてアバタを口パクさせる機能を使うことができます．リップシンクでは事前にアバタの表情をシェイプキーと呼ばれる形状情報として登録しておくことで，その音声や口の動きに応じて切替えができ，多くのソーシャル VR サービスで実装されています．VRChat で用いられている OVRLipSync では 15 種類の口の形を音素（たとえば「え」の音 /e/ や下唇を軽く噛む /f/）と対応させます（図 3.17）．同じ口の形を異なる音素に対応させることもでき，最もシンプルな場合ではすべての音素で同じ口の形にすれば，その場合は発声に応じて口がパクパクするだけになります．また，表情をコントローラで選択して表出させることもできます．

（5）活動量計測

　人間の日常生活の活動量を計測するものとして，万歩計が登場し，その後，携帯電

話やスマートフォンの加速度センサの情報が使われるようになりました．3軸の加速度データ（平均値や分散値）とニューラルネットワークや SVM などの識別器を使って，「歩く」「走る」「座る」「階段を上る・降りる」などの身体の動きを伴う行動を高精度で認識できるようになりました．活動量の推定では，心拍数の情報が加わると精度がより向上します．

また，**圧力センサ**（pressure sensor）を使って歩行行動や姿勢変化を検出することができます．圧力センサにはロードセルなどの歪ゲージ式，静電容量式，薄くて柔軟な抵抗膜式などがあります．

(6) 脳活動計測

脳活動を計測するには，脳に直接針電極などを刺して神経の電気活動を記録する方法（**侵襲計測**）と，脳に不可逆的な変化を与えずに計測する方法（**非侵襲計測**）があります．侵襲型は，**埋込み電極**や **ECoG**（electrocorticogram, **皮質脳波計測**）などがあり，脳からの信号を直接的に取得できるため，時間・空間分解能の高い情報を取得できるメリットがあります．何らかの手術が必要になり，外傷を伴うため，受容性が低いことがデメリットになります．

非侵襲型は，ヘッドギアを被ったり，スキャナの中に入ったりすることで脳活動を計測します．代表的なものとして，頭部の電気的な信号を検知する**脳波（EEG）計測**，脳の酸素代謝にかかわる信号を検知する**機能的磁気共鳴画像法（fMRI）**，**近赤外線分光法（NIRS）**が挙げられます．非侵襲型は侵襲型よりも時間・空間分解能が低くなりますが，簡単に計測ができるというメリットがあります．VR コンテンツの体験中では HMD との干渉に注意が必要ですが，意思を伝えるための入力インタフェースとして使うことができます．脳と機械やコンピュータを直接つなぐことから **BMI**（brain-machine interface）や **BCI**（brain-computer interface）と呼ばれ，コントローラを用いずに操作する方法として注目されています．

各計測技術にはそれぞれメリットとデメリットがあり，目的に応じて適切に使い分けることが必要です．非侵襲型において，空間解像度は fMRI が最も高く，通常使われる 3T（テスラ）の磁界強度の fMRI では 2〜3 mm 程度，7T の高磁界では 1 mm 以内になります．fMRI は，病院で使われている MRI の技術を用いて，脳内の血流を可視化する手法です．fMRI の基本原理となっているのは **BOLD**（blood oxygenation level dependent）**効果**です．血液中のヘモグロビンは酸素との結合状態によって磁化率が変化し，脱酸素化ヘモグロビン（酸素を放出した後の状態）がより強い磁性体として振る舞います．血液中の酸素化ヘモグロビンと脱酸素化ヘモグロビンの濃度の変化によって MRI 信号強度も変化し，そこから脳のどの部位が活動しているかを推定します．安静時には脱酸素化ヘモグロビンが，賦活中は血液中の酸素化ヘモグロビン

と脱酸素化ヘモグロビンの濃度が変化し，脳内の局所的な神経活動によって酸素消費量が増大し，脱酸素化ヘモグロビンが一時的に増加します．信号が増大するタイミングは神経活動と同時ではなく，血流の増加に伴って神経活動から1〜2s遅れて始まり，ピークまで数秒かかります．そのため，fMRIの時間分解能は高くありません．

3.2 情報世界のモデリングとレンダリング

メタバースの中でどのように世界のルールを作り，体験させるかが極めて重要です．この節ではVRのモデリング，レンダリング，シミュレーションの手法についてまとめます．

3.2.1●モデリング

モデル（model）とはある物や現象に対して，特別な一面を簡略化した形で表現したものです．元の物や現象の本質を捉え，適切に記述されたものが「良いモデル」といえますが，論理的に真偽を判定することはできません．精緻に**モデル化（モデリング**，modeling）を行ったとしても，あくまで近似に過ぎないことに注意が必要です．どの情報を残し，どの情報を捨てるかは人間の特性を考慮しなければなりません．VR世界では，体験してもらいたい現象を表現するために必要なことをモデリングしておく必要があります．また，時間経過やユーザと環境との相互作用に応じて，バーチャル世界のモデルを更新する必要があります．

さらに表現したい体験に加え，ユーザの行動範囲もモデル化において重要な要素になります．デジタルツインのように建物や風景に重点が置かれる場合には，景観に関するモデリングが必要です．逆に窓口対話業務のバーチャル訓練のような用途では，人物のモデリングや対話のモデリングが重要となります．理想的には，すべての現象がモデル化されていることが望ましいですが，起こり得る事象のどこまで精緻にモデル化するかは，人工知能分野のフレーム問題のような難問です．そのため，多くの場合，優先順位が低い現象のモデル化は省略されます．

3.2.2●レンダリングとシミュレーション

ユーザにバーチャル世界を提示するためには，モデリングしたバーチャル世界の情報を出力ディスプレイに適した形式に変換する必要があります．この変換を**レンダリング**（rendering）と呼びます．レンダリングは五感ディスプレイのそれぞれについて，また，ユーザの行動に応じてリアルタイムに行う必要があります．そのため，レンダリングに適した形式でモデリングしておくことが求められます．また，バーチ

ャル世界は時間の経過や体験者の操作によって変化します．このため，計算機が保持している情報を時間経過や体験者の操作に応じて更新する**リアルタイムシミュレーション**が必要となります．リアルタイム（実時間）処理は，時間遅れなく処理を行うことですが，学術分野ごとに要求される「実時間」の時間分解能が異なります．人間を介したシステムにおけるリアルタイム処理では，感覚ごとに異なり，視覚ならば 15 ms 程度，触覚ならば 1 ms 程度までの遅延を許容範囲と考えるのがよいでしょう．

　初期の VR のシステムでは，計算機の処理速度が遅く，複雑なレンダリング処理ができなかったため，できるだけレンダリング処理の必要がないモデルが採用されていました．たとえば，1978 年に作られたリゾート地（米国コロラド州アスペン）のドライブ体験が可能なインタラクティブな動画システム Aspen Moviemap では，さまざまな視点から見た街の画像を，当時は大容量高速メモリであったレーザディスクに記憶しておき，体験者の視点に合わせて画像を切り替えることで映像を提示しました．自動車の天井に設置したカメラでアスペンの街中を撮影し，動画ではなくパラパラ漫画のように再生することで，自動車が進んでいく様子を表現しています．街の中を自由に走り回れるといっても用意された視点に限定されます．なお，これをベース技術として全天周画像を使ったものが，2007 年に登場した Google Street View になります．

　それに対して，三次元 CG で建物の形状や色の情報をもとに画像をレンダリングすれば，視点を自由に移動させることができます．街を走る車や歩行者などの動物体や，それに対応して変化する光や影など，より複雑化したモデルでは，よりリアリティの高い，細かい状況も表現できますが，リアルタイム計算は難しくなります．

　このように，モデルの汎用性とレンダリングに必要な計算量はトレードオフになることが多く，物理世界での現象と人間の感覚の特性，レンダリングのアルゴリズムと計算機の特性を考えて，どのようなモデルでどのようなレンダリングを行うかの最適なバランスを探ることが必要となります．

3.2.3●視覚レンダリング

　レンダリングは描画と訳され，多くの場合，グラフィクスのレンダリングのことを指します．本書では視覚以外のレンダリングと区別するために，**視覚レンダリング**と便宜上呼びます．視覚レンダリングは，物体から視覚に向かう光線を再現するために，ディスプレイに提示すべき映像を生成する CG 手法です．コンピュータ内で生成された三次元物体のデータは視覚ディスプレイ（二次元平面）上に表示します．物体形状は物体表面を三角形で覆う三角形メッシュで表現され，記憶されます．次に三次元物体を二次元平面に表示するために投影がなされます．そのための基本的技術として，投影変換（座標変換），隠面消去，陰影処理（shading），光の反射・透過・屈折

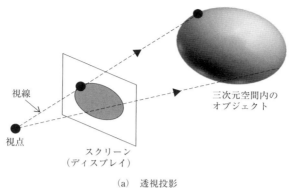

視線

視点

スクリーン
（ディスプレイ）

三次元空間内の
オブジェクト

（a）　透視投影

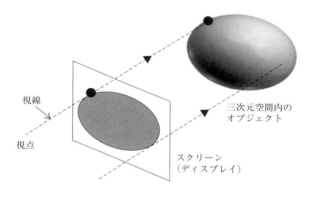

視線

視点

スクリーン
（ディスプレイ）

三次元空間内の
オブジェクト

（b）　平行投影

図 3.18　投影変換

と光源の特性を考慮した輝度計算が必要で，これらを視覚レンダリングと呼びます．

　三次元 CG では，多くの場合，物体形状の表面を三角形メッシュの集合として表現
し，その頂点の座標とそれらの関係が記憶されます．この方法では三角形の描画を繰
り返すだけで形状の描画ができるため，処理が単純で高速化しやすいことが特徴です．
それに対して，CT や MRI のスキャンデータのように物体表面だけでなく内部の様子
を観察することが重要な場合には，三次元のビットマップである voxel 形式でモデル
をもち，voxel をレンダリングして視点に応じた映像を生成することもあります．以
下では，三角形メッシュによる表現を対象とした処理について説明します．

（1）投影変換

　投影変換とは，三次元空間で定義された形状モデルを，スクリーンのような二次元
の投影面に投影することです．投影変換には透視投影（perspective）と平行投影
（orthographic）があります．**透視投影**は視点に集まるように投射線を引いたときに

投影面との交点の集まりとして投射図形が得られます（図3.18（a））．透視投影は実際の見え方に近くなります．それに対して，**平行投影**は視点を無限遠点に置いた投影で，距離が増加してもオブジェクトが縮小せずに描画されるものです．平行投影は形状が歪まないという特徴があり，あえて現実の見え方とは違う表現方法の地図や情報画面を作成したい場合に用いられます（図3.18（b））．

投影変換は，世界座標系とスクリーン上の座標を用いて，以下のような数式で表すことができます．

$$s\begin{bmatrix} u \\ v \\ 1 \end{bmatrix} = \begin{bmatrix} f_x & 0 & c_x \\ 0 & f_y & c_y \\ 0 & 0 & 1 \end{bmatrix}\begin{bmatrix} r_{11} & r_{12} & r_{13} & t_1 \\ r_{21} & r_{22} & r_{23} & t_2 \\ r_{31} & r_{32} & r_{33} & t_3 \end{bmatrix}\begin{bmatrix} X_w \\ Y_w \\ Z_w \\ 1 \end{bmatrix}$$

画像座標点　　　内部パラメータ　　　外部パラメータ　　　世界座標点

外部パラメータとは世界座標系でカメラの位置と姿勢を表したものです．外部パラメータを用いることでカメラの座標を世界座標系へ変換することが可能となります．回転行列 R と並進ベクトル t を合わせた同次変換行列である $[R|t]$ として表されます．

内部パラメータとはカメラ座標系から画像座標系への変換を表したものです．内部パラメータのうち，(c_x, c_y) は主点（通常は画像中心），f_x, f_y はピクセル単位で表される焦点距離です．内部パラメータはカメラの姿勢に影響されません．

（2）隠面消去

隠面消去とは，ある視点から見たときに手前の面で隠された線や面の一部を描画しないようにする処理のことです（図3.19）．稜線を消去する場合には隠線消去と

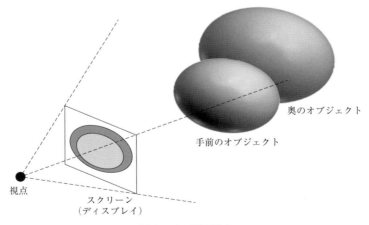

奥のオブジェクト

手前のオブジェクト

視点

スクリーン
（ディスプレイ）

図3.19　隠面消去

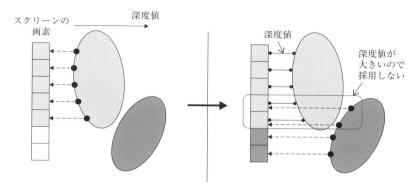

図3.20　Ｚバッファ法

呼ばれます．隠面消去のために可視・不可視を判定するアルゴリズムとして，Ｚバッファ法やスキャンライン法，レイトレーシングなどがあります．

　Ｚバッファ法（Z-buffer method）は，各画素に奥行きに関する情報をもたせ，その情報を覚えておき，重なり合う位置にある画素どうしの奥行きを比較して手前のものだけを描画するという方法です．奥行き情報を保持するメモリ領域を**Ｚバッファ**と呼びます（図3.20）．手順としては，まず，描画前にＺバッファを大きな値（たとえば無限遠の距離）で初期化します．その後，各画素における描画対象ポリゴンまでの距離とＺバッファの値を比較し，書き込まれている数値より小さかったらＺバッファを更新します．この処理をポリゴンごとに繰り返し，表示すべきすべての面の画素について行います．アルゴリズムが比較的単純でGPUを用いて高速化しやすい特徴がありますが，奥行き情報を格納するためにスクリーンと同じサイズのバッファ（メモリ領域）が必要となります．また，反射や屈折がうまく再現できないことも知られています．

　スキャンライン法（scanline method）は，視点とスクリーンの走査線を結ぶ平面が空間上の物体のどの部分と最初に交差するかを計算し，最初に交差した物体が作る像のデータを表示用メモリに記憶して表示します．

　レイトレーシング法（ray tracing method）は，レイ（視線）と物体の交差判定による隠面消去です．視点から画素ごとにレイを飛ばし，画素ごとに交差判定を行います．そのため，計算量が多くなり，処理に時間がかかります．CG作成においては最終段階の高品質な映像出力時に用いられることが多かったのですが，最近は高速化も進み，最終段階より前から使用されるようになっています．放出されたレイが半透明の面にぶつかるとそこで分岐します．半透明の面は一部の光を鏡面反射し，残りを透過するため，それぞれのレイを追跡する必要があります（図3.21）．レイの追跡の

101

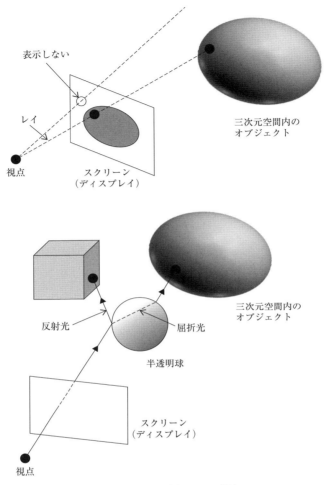

図3.21　レイトレーシング法

終了条件を定めることで計算量の膨大化を防ぐことができます．このように反射・透過・屈折もある程度正しく表現できることが特徴です．

　Zバッファ法は面単位，スキャンライン法は線単位，レイトレーシング法はピクセル単位でそれぞれ描画し，いずれも隠面消去をピクセル単位で行います．

（3）輝度計算

　ある光源の下にある立体の表面の明るさは一定ではありません．このとき，光が直接当たらずに物体表面が暗くなる部分を**陰**（shade），立体により光が遮られてできた光が当たらない領域を**影**（shadow）と呼びます．このような陰影付けの処理は**シェーディングモデル**と呼ばれます．陰影表示には，光の当たり具合によって濃淡が

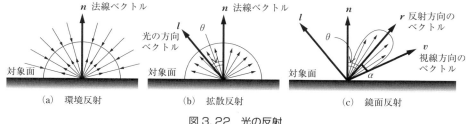

図3.22 光の反射

変化する状態を表示する**シェーディング**（shading）と，光が遮られて生じる影を表示する**シャドウイング**（shadowing）があります．シェーディングでは，物体表面の材質や輝度を計算します．シャドウイングでは，他の物体や面によって光が遮られた領域には影付けを行います．

　光の反射特性については，反射を**環境反射**（ambient reflection），**拡散反射**（diffuse reflection），**鏡面反射**（specular reflection）の三つに分けたモデルが一般的に用いられます（図3.22）．特に，Lambert反射モデルとPhong反射モデルが代表的です．**Lambert反射モデル**（Lambert reflection model）では，拡散反射のみを扱います．そのため，反射光の強さIは視点の位置に依存しません．次のような式で表されます．

$$I = I_a + I_{in} k_d \cos \theta$$

I_aは環境光の色，I_{in}は入射光の色，k_dは物体の拡散反射率，θは面の法線ベクトルとなす角です．

　Phong反射モデル（Phong reflection model）では，鏡面反射も考慮することができます．つまり，Lambertの反射モデルに金属のような反射を表現するような光沢感を表す項が加わります．

$$I = k_a I_a + k_d I_d \cos \theta + k_s I_s \cos^n \alpha$$

右辺の項はそれぞれ，環境光成分，拡散反射光成分，鏡面反射光成分に対応しています．I_sは鏡面反射光の強さ，αは視線方向と正反対方向のなす角です．反射ベクトルの計算量を減らす**Blinn-Phong反射**と呼ばれる方法もあります．

　図3.23に示すように環境反射光と拡散反射光の色は同じです．環境反射の項は均一であるのに対し，拡散反射の項の輝度は表面の方向によって値が変わります．鏡面反射光の色は白色で，表面に当たった光のすべてをほとんど反射しますが，それが照らすハイライトは非常に狭くなります．

　Phongのシェーディングモデルなどは他の物体が関係しないので，**局所照明モデル**と呼ばれます．これに対して，他の物体の反射，透過，屈折，影などを考慮した

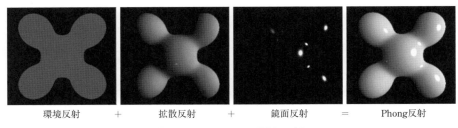

環境反射　　＋　　拡散反射　　＋　　鏡面反射　　＝　　Phong反射

図 3.23　Phong の反射モデル

モデルは**大域照明モデル**（global illumination model）と呼ばれます．大域照明モデルの代表例として，前述のレイトレーシング法があります．レイトレーシング法は光の進んでいく様子を目の方から逆にたどっていく方法です．計算方法が単純であり，反射・屈折・影などの表現も簡単にできますが，計算が遅いという欠点があります．高速化のために，空間を分割し，物体がどの空間に入っているかを前もって求めておくことがあります．

　近年では，不透明な物体の表面の各点について，入射光の向きごとの反射率を表現した**双方向反射率分布関数**（**BRDF**：bidirectional reflectance distribution function）や，周囲の光源や物体の表面での反射光を合わせた光の強度（**PRT**）を保持しておくことで，物体の材質感や周囲の物体の影響を含めたより精密な映像をレンダリングできるようになっています．半透明な物体では表面下散乱が生じ，**双方向散乱面反射率分布関数**（**BSSRDF**：bidirectional scattering surface reflectance distribution function）で表現できます．これらによって光と物体による反射・屈折をより詳細にモデリングすれば，視点に応じて正確なレンダリングができますが，モデルの情報量とレンダリングの計算量が増すことになります．

　BRDF では鏡面反射と拡散反射のそれぞれについて求める方法があります．鏡面反射 BRDF を実装するための式としては Cook-Torrance のモデルがよく使われます．拡散反射には前述の古典的な Lambert 反射にエネルギー保存を考慮した Lambertian diffuse BRDF がよく用いられます．

（4）NeRF

　NeRF（neural radiance fields）はさまざまな角度から撮影した複数の写真から自由視点画像を生成する技術で，2020 年にカリフォルニア大学バークレー校の研究者らが発表しました（図 3.24）．深層学習によって生成された画像を通じて，好きな視点から対象物を見ることができるようになります．NeRF は視点による光の反射・屈折の変化を高い精度で予測して表現する技術で，具体的には，ある点の位置 (x, y, z) と視線方向 (θ, ϕ) を入力とし，その点の輝度と不透明度を出力するニューラルネッ

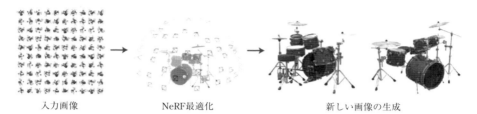

入力画像   NeRF最適化   新しい画像の生成

図 3.24 NeRF の概要（https://www.matthewtancik.com/nerf）

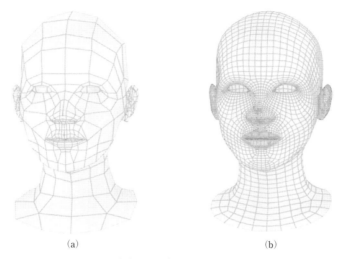

(a)   (b)

図 3.25 （a）ローポリと（b）ハイポリの例

トワークになります. NeRF は任意視点の画像をレンダリングできますが, あくまで
2D としての見え方を推定します.

(5) ポリゴンとノーマルマッピング

CG モデルは複数の面から構成され, その面を**ポリゴン**と呼びます. ポリゴン数に
応じて, **ハイポリゴン**（ハイポリ）と**ローポリゴン**（ローポリ）に分けられます
（図 3.25）.

ハイポリでは現実に近い正確な表現が可能で, 髪の毛が風で揺れる様子も表現する
ことが可能です. また, 近づいても皮膚の毛穴などまでも精細に表現できています.
一方で描画のために計算量が大きくなり, リアルタイムレンダリングには向いていま
せん. そのため, 時間をかけてレンダリングを行うプリレンダリングで主に使われま
す. ハリウッドの VFX スタジオなどで制作される SF 映画作品や静止画に使われる
場合には主にハイポリが用いられます.

逆にローポリはデータ量が小さく, 描画処理や計算処理が軽いため, リアルタイム

レンダリングに適しています．そのため，ゲームやソーシャル VR ではローポリがよく用いられます．ポリゴンサイズを小さくしながら，細かいディティールまで表現するために，ハイポリモデルで細かいディティールを作った後にそれをテクスチャにしてローポリモデルに張り付けることがあります．この方法ではモデル自体はローポリとなりますが，テクスチャで疑似的にハイポリに見せています．ハイポリモデルの凹凸や色や陰影をテクスチャにすることを**ベイク**（焼き付け）と呼びます．

　ベイクはライティングにおいても重要です．光源による陰影をリアルタイムレンダリングする場合，その都度計算するのは描画処理の負荷が高くなります．一方で，陰影がないモデルは立体感がなかったり，品質が悪く見えたりしてしまうため，陰影ごとテクスチャにベイクすることが多いです．

　VR 空間の 3D モデルがカメラから遠くにあるときには，カメラの近くにあるときに比べて，細かい部分は見えません．そのため，3D モデルが遠いときにはローポリ，近いときにはハイポリといった処理を行うことで，描画されるデータのクオリティをあまり落とさずにシーンの描画処理を軽量化することができます．このような変換の仕組みを **LOD**（level of detail）と呼びます．表示されるモデルの大きさに応じてその精細度が変化します．たとえば，葉のついた木のモデルや，人のモデルなどに適応され，遠くに見えるときはモデルそのものが小さいためローポリで表現されます（図3.26）．LOD は離散的な状態を切り替えるため，そのレベルが切り替わるときに不自然な見えが生じることがあります．

(6)　テクスチャマッピング

　テクスチャマッピング（texture mapping）とは三次元コンピュータグラフィックスで作成された，形状の情報しかもっていない 3D モデルの表面に色や質感を与えるための手法です．一般的には **UV マッピング**と呼ばれる手法でテクスチャ情報を付与します．この方法では 3D モデルの展開図に対して，対応するテクスチャ情報を画像ファイルの形式（png など）で保存し，3D モデルと紐づけて使用します（図3.27）．このとき展開図が U 軸・V 軸の二次元座標で表されることから **UV 座標**とも呼ばれます．

　3D モデルの材質を表現するために，カラーマップ，透明度マップ，反射マップ，バンプマップやノーマルマップがテクスチャとして使用されますが，写真をそのまま使うこともあります．最も定番のテクスチャはオブジェクトの色情報で，albedo map と呼ばれます．カラーマップでは，照明のハイライトなどは含めないことが望ましいです．

　透明マップはガラスなどの透明度を表現するためのものです．**反射マップ**は光沢感などの表現に使われます．実際に表面の高さを変化させるのではなく，陰影だけ高

 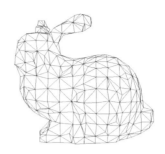

（a） ハイポリとローポリの同一のサイズで表現されたモデル

（b） 小さいサイズほどポリゴン数が少ないモデルの表現

図 3.26 複数の LOD と距離に応じた切替え

 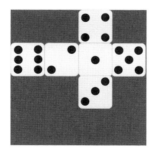 

（a） ポリゴンオブジェクト （b） テクスチャ （c） マッピングされたオブジェクト

図 3.27 UV マッピングの例

さがあるように表現することで疑似的な高さを表現する方法として，バンプマッピングとノーマルマッピングという手法があります．

バンプマッピング（bump mapping）は疑似的な高さマップ（バンプマップ）としての機能を果たすグレースケール画像を使って，モデルの表面に凹凸を疑似的に作

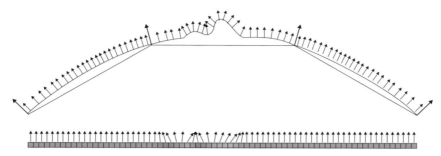

図 3.28　法線マッピングの平面図
(https://docs.unity3d.com/jp/current/Manual/StandardShaderMaterialParameterNormalMap.html)

る手法です.

　それに対して,**ノーマルマッピング**（**法線マッピング**,normal mapping）は,テクスチャ画像の情報を使い,平板なモデルの表面に凹凸があるかのように見せる手法です（図 3.28）.モデルのポリゴンに対して貼り付けできるテクスチャの画像データとは別に,画像データとして表現された法線ベクトルの集まりのデータのことを**ノーマルマップ**と呼びます.ノーマルマップは水色,紫色,ピンク色などの色で示した画像で,ライティングに反映させます.ノーマルマップをうまく活用すれば,ポリゴン数が少なくても凹凸があるように見せることができます.

　バンプマップもノーマルマップも複雑なテクスチャを効率良く表現できますが,実際に形状が変化するわけではないので,輪郭は平らなままです.そのため,カメラに近く輪郭がはっきり見えるオブジェクトや,大きな凹凸を表現する場合には不自然に見えることがあります.

3.2.4●全天周映像

　VR 世界を作成する際に物理世界の画像や映像を **360 度カメラ**（omnidirectional camera）で取り込むことがあります.たとえば空や背景などの描画にはよく用いられます.当初は複数のカメラを円周上に並べた撮像システム（たとえば Google Jump）が発表されましたが,180° 以上撮影できる広角レンズを備えたカメラを表と裏に搭載するカメラ（たとえば RICOH THETA や insta360 one）が発売されています.複数のカメラで撮影された画像の境界線を**スティッチ**（stich）というつなぎ合わせる処理を行って,全天周の写真や映像を生成しています.

　一眼レフやスマートフォンのカメラなどで撮影した画像はアスペクト比が 4:3 や 16:9 などの長方形の画像として保存されることが一般的です.これに対して,360 度カメラでは撮影地点を中心に上下左右の全方位を撮影した球体画像を平面に変換して

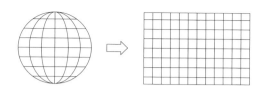

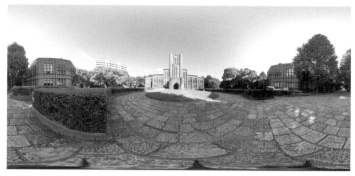

図3.29　正距円筒図法方式

保存します．上半球のみを撮影する場合は**全天周**，すべての周囲の場合は**全天球**と呼び分けることもあります．360°画像の表現としては，180°ずつの**魚眼画像**（dual fisheye）か，**正距円筒図法方式**（equirectangular）や**キューブマップ方式**（cubemap）を用いたパノラマ画像が広く使われています．いずれの表現にも一長一短があり，相互に変換して画像処理に用いられます．

　正距円筒図法方式は，地球儀を平面に展開した際に得られる長方形の地図のようなメルカトル図法に近いものとなります（図3.29）．キューブマップ方式は立方体の6面に描画します（図3.30）．

3.2.5●Webフレームワーク

　一般にメタバースはさまざまなプラットフォーム上で動作します．一般的にはアプリケーションという形で作成され，Unity（Unity Technologies社）やUnreal Engine（Epic社）といったゲームエンジン（統合開発環境）で開発されることが多いです．

　それに対して，アプリケーションが不要な，Webベースのシステム（Webアプリ）にも注目が集まっています．これらはWebXRなどと呼ばれ，HTML，CSS，JavaScriptなどのWeb技術の知識や経験を生かしてVRシステムを構築することができます．3DCGを表現するためにThree.jsなどを用いることでアプリケーションが不要となっています．

　ブラウザで3DCGを表示させるための標準仕様である**WebGL**は2011年にリリ

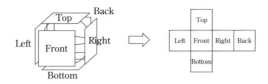

図3.30　キューブマップ方式

ースされ，現在ほぼすべての Web ブラウザに対応しています．WebGL を簡単に実装するために，Javascript ライブラリが提供されています．それをさらに抽象化したラッパーライブラリである **A-Frame** は WebVR を作成することができるオープンソースのフレームワークで，Mozilla が提供しています．A-Frame は Javascript を用いずに HTML のみでも 3D 空間の表現を可能としています．Three.js 単体でもマウスなどからの入力情報を使って 3D モデルをレンダリングすることができますが，A-Frame を使えば HMD やコントローラなどの VR デバイスを活用することができます．**WebVR** は 2014 年にリリースされ，現在は用途を AR まで広げた **WebXR** に置き換わりつつあります．WebXR は，OpenXR の対象にも含まれています．**OpenXR** は，ハードウェアとソフトウェアをつなぐ API の共通化のために OpenGL を開発した標準化団体 Khronos Group により提案された標準仕様です．ハードウェアに直接アクセスする VR デバイスごと（ネイティブ環境ごと）に独自の SDK を用いることが一般的ですが，抽象化された API である OpenXR を用いる動きが進んでいます．

　一方，WebXR は Web ブラウザ経由でハードウェアにアクセスするための標準仕様です．WebXR を使ったメタバースでは，アプリケーションをインストールするこ

となく，Firefox や Chromium などのブラウザで動くシステムが実現できます．Web ブラウザをミドルウェアのように活用するメタバースサービスは増えてくるでしょう．

また，AR.js はブラウザから物理世界にオーバーレイされたコンテンツの追加をサポートするライブラリです．AR マーカを読み込んでコンテンツを表示するマーカトラッキング機能や，GPS 機能を利用した特定の緯度経度の位置にコンテンツを表示する機能が実装されています．上記の A-Frame と組み合わせることで，3D モデルや動画などを AR で表示することができます．

3.2.6●聴覚レンダリング

人間は両耳の 2 入力から三次元音空間を知覚しています．音響の再現のために，音源からの直接音，音源からの距離に応じた減衰，壁や天井などからの反射音，物陰の音のような回折音，ホールのような空間で生じる残響音といった物理現象に基づく信号処理が必要となります．さらに 2.2 節で述べたような知覚手がかりとあわせて両耳に音場の信号を再現できれば，元の音場と聴覚的に同等な体験が可能となります．このような知覚手がかりをレンダリングするモデルもありますが，広帯域の音を音空間全域に渡って高精度でレンダリングするのは現段階で不可能です．そこで，音場全体を再現する音場再現モデルか，両耳までの音響伝達関数モデルが用いられています．

(1) 波面合成法

波面合成法（WFS：wave filed synthesis）はホイヘンスの原理に基づき，マイクロホンアレイとスピーカアレイを用いてある音場の波面を別の空間で忠実に合成する音場再現技術のことです．波面合成法では聴取者の両耳位置ではなく三次元空間上の領域の音場を制御するので，聴取者はヘッドホンのような音響デバイスを装着する必要がありません．

スピーカアレイでの空間合成法による聴覚ディスプレイでは，スピーカ間隔を半波長以下にする必要があります．音速 340 m/s で大気中を伝搬するときのヒトの可聴域の上限である 20 kHz では周波数の波長は 17 mm となります．そのため，可聴帯域全体，特に高周波の音をカバーするシステムを構築するには，スピーカを 8.5 mm 間隔に敷き詰める必要があります．このような配置は現状の音響技術では難しいため，この方法で可聴域のすべての音を忠実に再現するのは現実的ではありません．聴覚特性を活用してスピーカ数を減らす工夫が必要となります．

(2) バイノーラル再生とトランスオーラル再生

バイノーラル方式では，両耳に到来する信号をイヤホンやヘッドホンを使用して再現します．2.2 節で述べた頭部伝達関数（HRTF）では，ヘッドホンを用いた音場の提示が一般的です．頭部運動を計測し，畳み込むインパルス応答を切り替えること

によって，物理世界と同様に一定の空間位置に音像を止めることが可能となります．

　これに対して，両耳に到来する信号を複数のスピーカから再生して再現する方法を**トランスオーラル方式**と呼びます．ただし，そのままでは左耳のみに聞こえるべき音が右耳にも聞こえてしまいます．これを**クロストーク**と呼び，相殺する必要があります．

(3) VR 空間音響

　音の距離減衰は，環境音の表現に加え，会話の音声をどこまで届けるかといった設定にも重要な項目です．たとえば，オープンソースの VR 空間である Mozilla Hubs では，距離に対して直線的に減衰する関数（linear），反比例して減衰する関数（inverse），指数的に減衰する関数（exponential）が距離減衰の関数モデルとして用意されています．exponential は距離が離れても厳密には 0 にならないモデルです．どのような傾きで減衰させるかは rolloff factor という係数で設定できます．なお，高周波の音波は大気による吸収の効果が大きくなるため，厳密な再現を目指す場合には周波数に応じた減衰関数を設計することが望ましいといえます．

　回折は，人やアバタの気配などをレンダリングするために必要となります．また，空間内を動いたときや，音源が動くような場合，**ドップラー効果**（Doppler effect）のレンダリングが必要となります．ドップラー効果は，周波数がシフトする非線形現象であるため，単純な音響レンダリングでは実装できません．そのため，音源の位置と移動速度に応じて周波数を直接シフトさせる直接法などが用いられます．Unity ではオブジェクトの設定の Audio Source でドップラー効果を設定することができ，高速に動いたような演出が可能となります．

3.2.7●力触覚レンダリング

　バーチャル物体との相互作用で手応えを表現する力覚インタフェースでは，体験者の手がバーチャル世界で物体内部に侵入するのを防ぐことで物体形状を提示します．バーチャル物体への侵入を防ぐためには，侵入量に応じて力を手に加える方法と，侵入が起こらないようにインタフェースの位置を動かす方法があります．前者をインピーダンス型，後者をアドミタンス型力覚インタフェースと呼びます．

　インピーダンス型インタフェースの提示力は，侵入を押し戻す力です．侵入量を求めるために，力覚ポインタを戻す目標位置を決定します．目標位置が求まれば，現在のポインタの位置と目標位置の間にバネ - ダンパモデルを考えて提示力を計算できます．つまり，位置入力，力出力になります（図 3.31 (a)）．それに対して，**アドミタンス型インタフェース**も，まず物体に侵入しないような目標位置を決定します．アドミタンス型では，手からインタフェースに加わった力を考慮して目標位置を

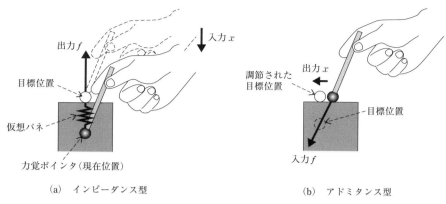

（a）インピーダンス型　　　　　　　　（b）アドミタンス型

図3.31　力覚インタフェースにおける入出力

　調節する点と，目標位置を直接インタフェースに返す点が異なります．つまり，力入力，位置出力になります（図3.31（b））．このようにまず目標位置を考え，現在位置との間にバネダンパを仮定して提示力を計算する手法には，God Object 法，プロキシ法，バーチャルカップリングなどが提案されています．

　典型的な力触覚レンダリングでは，動特性など必要な情報がモデリングされた物体とのインタラクションにおいて，（1）指先や手先など接触点（以下，力覚ポインタ）の位置と方向の検出，（2）力覚ポインタとバーチャル物体との接触検出，（3）反力計算および物体変形，（4）力およびトルクの提示，といった力触覚情報の計算が周期的に実行されます．安定して力触覚提示ができる力計算周期は1kHz以上必要とされ，硬さを表現するためには10kHz程度が要求されます．なお，更新周期が1kHzより小さい場合には本来より柔らかく感じたり，接触面が振動しているように感じたりといった問題が生じます．そのため，更新周期が1kHzを下回る場合には，直近に計算した力をもとに新しい力を推定するなどして1kHz程度の周波数域までの応答性を確保する必要があります．

　他者のアバタやバーチャル物体との接触表現ではこの力触覚情報の高い更新処理に加えて，視覚レンダリングとの同期が必要となります．一般的なグラフィックの更新周期は30〜60Hz程度であるため，力触覚と同期させるためにはマルチスレッド方式とし，視覚描画スレッドとは独立した，力触覚提示のための高い更新周期のスレッドを動作させるなどの対処が必要となります．

（1）干渉計算

　接触対象となるバーチャル物体の形状は，侵入距離が計算しやすい球や直方体などのプリミティブの組合せで表現すると計算が単純化できます．バーチャル物体がポリ

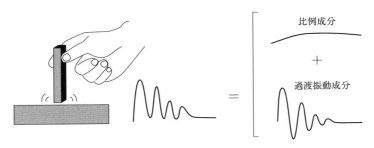

図 3.32　Event-based Haptics による材質感の表現

ゴンモデルで表現される場合には，表面形状は三角形を張り合わせた多面体として定義されます．単なる多面体では面の境界が不連続性であるため，3.2.3 項のシェーディングと同様，各面の法線を補間して力を提示するなどして力触覚の不連続性を軽減させる必要があります．このように視覚レンダリングのアルゴリズム手法は力触覚レンダリングにも応用されることが多く，接触の可能性が高い近傍箇所だけを考慮したり，物体の構成をデータの階層構造として記述したりすることで計算量を減らす方法などが例として挙げられます．

（2）表面情報のレンダリング

　バーチャル物体の表面情報のレンダリングはより自然な触覚を感じさせるために大きな役割を果たします．表面情報は凹凸などの表面形状，表面の摩擦特性や粘性特性の組合せで表現されます．クーロン摩擦は侵入距離に応じて操作者に返る力を利用して，なぞり方向と反対方向にはたらく力として表現することができます．また，静止摩擦と動摩擦をシミュレートすることで滑りと固着が交互に起きる**スティックスリップ現象**（stick-slip phenomenon）を感じさせることも可能となります．

　さらに表面粗さの空間周波数が大きいテクスチャでは，テクスチャの勾配に応じて操作者に返す力の大きさと方向を変化させることができます．テクスチャが細かくなる場合は，次項のような振動を活用することが一般的です．

（3）材質感を高めるレンダリング

　バーチャル世界の物体を物理法則に従って動かすことで，自然な物体操作が実現できますが，人間の感覚特性や力触覚アクチュエータの機械特性や表示限界，計算コストに制約を受けます．たとえば，硬い物体を叩いて硬さを表現するような場合，侵入量に基づく計算では高速な計算処理が必要となります．そのため，高周波数の過渡振動を衝突時に畳み込む手法を採用すれば自然な衝突感が表現できます（図 3.32）．この過渡振動は物体の固有周波数とも関係しています．また，実物体との接触やなぞり動作の際に生じる振動によって材質感を知覚していることが知られており，この比

較的高い周波数の振動を記録し，再現することで高い材質感を提示することが可能です．

3.3　ネットワーク・サーバ技術

　メタバース上でのコミュニケーションは，ユーザの端末性能やネットワーク品質に大きく依存します．そのため，負荷を分散させる考慮が必要となります．メタバースにかかわるネットワークにおいては，大規模同時接続性，同期性，相互運用性が重要な要件となります．**大規模同時接続性**は，大量のユーザがリアルタイムに同じ場所に集まることのできる世界を成立させるために欠かせません．**同期性**は，ユーザ間のインタラクションを違和感なく実行したりするために重要です．また，異なるプラットフォームやサービスをつなぐためには**相互運用性**が要求されます．

　メタバースのサーバにはユーザが作成した3Dモデルやコンテンツデータを投稿するためのサーバや，それを保持するコンテンツサーバ，ユーザ認証などを行うユーザ管理サーバが必要です．さらに経済活動において課金処理に関するシステムが必要となる場合があります．このようにメタバースでは1種類のサーバではなく，マルチサーバの構成を取り，相互に連携させる必要があります（図3.33）．

　これらのサーバは各クライアント端末との通信処理を担当します．基本的な構成はオンラインゲーム（MMO）のサーバと同様となります．それに対して，描画処理は

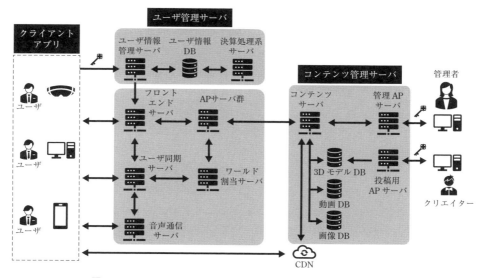

図3.33　メタバースにおけるクライアント・サーバの構成の例

クライアント側で実施されるため，クライアント側の PC の処理性能に大きく影響を受けます．クライアント端末で 3D データをダウンロードし，それを保存した記録メディアからデータを読み込み，描画します．クライアント端末では，パソコン上で動作するデスクトップアプリやスマートフォンアプリ，ブラウザ上で動作するクライアントアプリといったアプリケーションが，VR 空間などを描画するために，それぞれの端末性能を考慮して実装されています．

3.3.1●ネットワークアーキテクチャ

（1）ネットワークトポロジ

　ネットワークトポロジ（network topology）とは，ネットワークケーブルの結線形態のことです．図のように丸と線で表現され，丸を**ノード**（**節**），線を**リンク**（あるいは**エッジ**）と呼びます．メタバースサービスでは，ノードが PC や VR デバイス，サーバなどの計算機端末になり，リンクがネットワーク接続になります．代表的な通信ネットワークトポロジには，ツリー型，リング型，スター型，メッシュ型があります．ここでは，スター型とメッシュ型について取り上げます（図 3.34）．

　スター型では図の中央部分のノードが代表端末になります．代表端末はサーバあるいはホストとなるユーザになります．各クライアントへのトラッキングデータの送信はサーバが行います．すべてのクライアントのデータはサーバを介し，各クライアントへ送られます．そのため，通信速度は下り速度がボトルネックとなります．クライアント側の障害がネットワーク全体に障害を及ぼしにくい構造ですが，中心となるサーバに障害が生じると接続されたすべての端末が通信不能になるリスクがあります．

　それに対して，**メッシュ型**では代表端末が存在しません．サーバを介さないクライアントどうしが直接つながる**フルメッシュ**（full mesh）型のネットワークでは，どのノードも他のすべてのノードと 1 対 1（point-to-point）でつながれています．ど

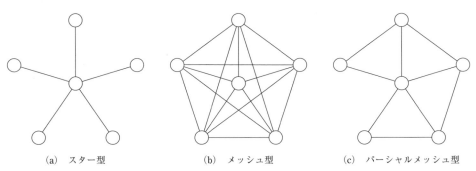

| (a)　スター型 | (b)　メッシュ型 | (c)　パーシャルメッシュ型 |

図 3.34　ネットワークトポロジの代表的なもの

のノードからどのノードへも専用の伝送路で直接通信できるため性能上のボトルネックが生じにくく，障害に対する耐性が高いことが特徴です．ただし，ノード数 n に対して必要な伝送路の数は $_nC_2=n(n-1)/2$ となり，ノード数の 2 乗に比例して増加します．そのため，大規模な場合，フルメッシュ型ではなく，中心となるセンタ側のルータや一部のルータだけをメッシュ型として冗長性を高め，つながっていないノードが存在する**パーシャルメッシュ**（partial mesh）**型**を採用することで，コストと耐障害性をバランスよく実現できます．また，クライアントは自分以外のクライアントへトラッキングデータを送る必要があります．一般的に通信の上り速度の方が下り速度より小さいため，メッシュ型では上り速度がボトルネックになります．

（2）ネットワークアーキテクチャ

ネットワークアーキテクチャはクライアント・サーバ（client-server system：C/S）と P2P（peer to peer）のいずれかのモデルが採用されています．

クライアント・サーバは中央集権型で，スター型トポロジが一般的に用いられます．メタバースのサービス運営者がサーバを用意し，端末間の通信は必ずサーバを経由します．クライアント・サーバでは主従の関係が明確です．多人数による活動に適しているため，現時点のソーシャル VR サービスの実装はクライアント・サーバが主流となっています．サーバのコストが大きくなりますが，P2P と比べてセキュリティの対策が取りやすいという特徴があります．

それに対して，**P2P** は自律分散型で，スター型トポロジかメッシュ型トポロジが一般的に用いられます．P2P ではクライアントとサーバの両方の役割を担うノードがネットワークに参加しており，サーバの負荷が小さいことが特徴です．通信遅延時間はクライアント・サーバのシステムよりも短くなります．少人数による VR 空間での活動や，低遅延が要求される格闘ゲームのような用途に適しています．

（3）NAT 越え

端末をネットワークに接続する際に，使用できるグローバル IP アドレスの数が少ない場合に対応するため，また，セキュリティの観点から，**NAT**（network address translation）がよく用いられます．NAT は一般的に，LAN 内で使われるプライベート IP アドレスとインターネットで使われるグローバル IP アドレスを変換する技術です．一つのグローバル IP アドレスを複数の PC やデバイスで共有するための仕組みなので，NAT の外側からは，NAT 内の特定のデバイスにパケットを直接送る手段がありません．そのため，エンドユーザ間の接続において，クライアント・サーバのモデルでは NAT はそれほど大きな問題になりませんが，P2P では**NAT 越え**（NAT traversal）が課題となります．

そこで，NAT を越えて通信路を確立する技術が利用されています．たとえば，

NATパンチスルーと呼ばれる技術を使って，予めホールパンチ（穴開け）を行えば，NATの外側からNAT配下のデバイスへのパケットの送信を実現できます．ただし，適応できるNATが限られ，確実にNATを越えられるものではなりません．そのため，NATパンチスルーなどのNAT越え技術ではなく，**リレーサーバ**と呼ばれる通信を中継するサーバを利用することが主流となりつつあります．リレーサーバはパケットの内容は一切変更せずにリレーするだけです．サーバを経由した通信となるため，遅延が生じますが，ほぼ確実に接続が実現できます．

3.3.2●オンライン通信とサーバ

メタバースにおいて，複数のユーザがオンラインで同時につながった状態を実現するには，さまざまな情報をやりとりする必要があります．たとえば，VR空間であるワールド内の3Dデータや，各ユーザのアバタのデータ，位置情報，ボイスチャットデータなどです．さらにユーザ認証のサーバや決済用のサーバが使われることもあります．こうしたデータのやりとりを常時接続して行う必要があるか，低頻度でよいかで要求されるサーバの性能が異なります．

（1）サーバの種類

オンプレミス（on-premise）とは，サーバやソフトウェアなどの情報システムを，ユーザ担当者が管理できる施設（たとえば自社）の構内に設置して運用することです．オンプレミスでのシステム構築では，管理するスキルやノウハウをもつ人材の存在が前提となり，サーバ調達などの多額の初期投資や運用コスト，インフラの維持・管理コストが必要となります．一方，自社内で構築・運用するため必要なカスタマイズを自由に行うことができます．

Amazonが提供しているElastic Compute Cloud（EC2）やGoogle Cloudが提供しているGoogle Compute Engine（GCE）のようなサービスを**IaaS**（infrastructure as a service）と呼びます．これらは**クラウド**（cloud）とも呼ばれています．クラウドは時間単位で借りる従量制のレンタルサービスが一般的で，クラウドサービスを利用すれば初期投資や維持・管理コストが軽減され，運用面の効率化が期待されます．メタバースにおいては，ユーザ数やアクセス数の増加などに伴うサーバ拡張に柔軟に対応するため，多くの場合，クラウドが利用されます．サーバの稼働時間やデータの通信量に対して課金されることに注意が必要です．

（2）データ通信方式

メタバース空間ではVR空間の情報だけでなく，他者のユーザのアバタやモーションなどの情報を取得したり，自分の情報を送信したりする必要があります．さらに，キャラクターAIや物理現象の計算結果の同期などのシミュレーションが生じる場合

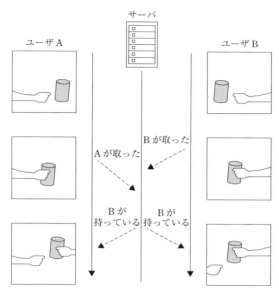

図3.35　非同期処理における見かけと結果のずれの例

には，サーバ側での処理も発生します．これらのデータは同期処理と非同期処理のいずれかで通信が行われます．

　同期処理では，全ユーザのデータや状態が常に同一となるようにデータ通信が行われます．オンラインの格闘ゲームのように狭い表示範囲で，少人数で利用する際の処理方法として採用されています．プログラムなどの仕組みは単純に保てますが，通信品質に大きく影響されるため，最も遅い端末に引っ張られることになります．

　それに対して，**非同期処理**では，各クライアントで独立した周期で実行され，必ずしも全ユーザのデータや状態が同一であることを保証しません．つまり，ユーザごとに見かけの状態と結果が一致しない場合があり，たとえば移動中にワープするような挙動が現れたり，バーチャルオブジェクトを取得したつもりでも他のユーザが先に取得していたりすることがあります（図3.35）．このような場合，排他制御が必要となることがあります．**排他制御**とは，共有資源が複数のプロセスから同時アクセスされて競合が発生する場合に，あるプロセスに資源を独占的に利用させている間は，他のプロセスが利用できないようにして整合性を保つ処理のことをいいます．この排他制御によって，同時アクセスによる不具合の発生を防ぐことができます．ただし，排他制御では，お互いに必要となるリソースを同時期に占有した異なるプロセスが，他方の解放を待つような状態を取る場合があります．この場合，処理が進まなくなることから，**デッドロック**（deadlock）と呼ばれています．デッドロックによってア

プリケーションそのものが止まってしまう可能性があるので，これを回避するようにシステムを設計する必要があります．

このように非同期処理では必要なものだけを同期させることが一般的で，大抵の場合大きな問題にはなりません．複数のユーザからのリクエストに対して，別のユーザの処理の完了を待つ必要がなく，クライアント側ではスムーズに動作します．そのため，多人数のユーザが参加するメタバースにおいては，非同期処理が採用されることが多くなります．

(3) マルチプレイ

メタバースはオンライン空間で接続され，複数のユーザが参加します．そのため，オンラインゲームやソーシャルゲームのように複数ユーザが同時にゲームに参加する，**マルチプレイ**（multiplay）の形態となります．マルチプレイ環境の構築や維持には大きなコストがかかりますが，こうした環境を提供するサービスもあり，Photon（ドイツ Exit Games 社）やモノビットエンジン（モノビットエンジン株式会社）が代表例です．開発環境やサーバの OS，利用料金体系が異なります．Unity 用の SDK も提供されています．

マルチプレイに対して，他のユーザがいない状態である空間を動き回るような**シングルプレイ**もあります．たとえば，VR 空間で建築物を見るようなコンテンツなどで，複数のユーザの存在を想定しないものもあります．この場合は事前にダウンロードしたデータを使うことでオフラインでも体験が可能であり，マルチプレイとは根本的に異なる設計思想となります．

3.3.3●高速通信とその限界

移動通信システムはこれまで 10 年ごとに新しい世代の通信方式へと進化してきました．アナログ通信の第 1 世代から，現在 5G への移行が進み，Beyond 5G/6G といった規格の構想も進んでいます．大容量高速通信を実現する 5G は超低遅延（無線区間の許容遅延 1 ms），超高速（10 Gbps），多人数同時接続（100 万台 /km^2）が可能といった特徴があります．ただし，この恩恵を受けられるのは基地局からの通信のみになります．

基地局をつなぐ有線のネットワークにおいても通信速度は光速による限界があります．光速は約 30 万 km/s なので，たとえば，東京とニューヨークの直線距離は 12,500 km ありますが，光の速度でも 45 ms かかります．光ファイバによる伝送では，屈性率が約 1.5 であるため，真空での光速の 66% ほどの伝搬速度となり，68 ms ほどかかります．さらに，海底に敷設された海底ケーブルは大陸間でのデータの転送において最短経路ではないだけなく，つながっていない都市間では乗り継ぎが発生し，距

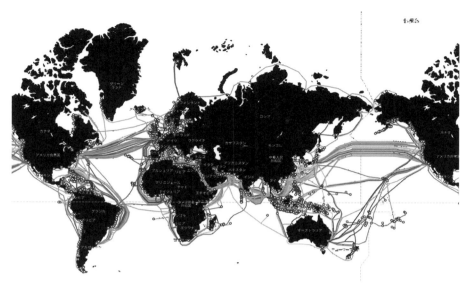

図 3.36 海底ケーブル（Submarine Cable Map）

離が長くなります（図 3.36）．衛星を使った Starlink などのインターネット通信も注目を集めていますが，現時点ではさらなる低遅延を実現するには至っていません．

　また，クラウドを利用して映像データなどの大容量のデータを扱う場合に，レスポンスが遅延する，あるいは通信量が増加するといった課題があります．このとき，**MEC**（multi-access edge computing）をオンプレミスに設置することでレスポンスの向上やクラウドへの通信量の削減ができます．MEC はエッジコンピューティングの規格の一つで，主にスマートフォンや IoT 機器などのモバイル機器からのアクセスを中心とした技術です．VR デバイスでもリアルタイム性を向上させるために，VR デバイスの近くにサーバを分散配置することによって MEC を活用することが期待されます．

　処理能力の低い VR デバイスでも実行できるようにする方法として，高負荷の描画をクラウド側の GPU で処理実行するクラウドレンダリングも提案されています．**クラウドレンダリング**は 3DCG モデリングや動画編集において必要なレンダリング処理を，インターネットブラウザなどを通じて利用できるサービスです．高速通信によってゲーミング PC などのクライアント端末の GPU を使わずに処理を行い，映像を HMD に表示させるようにするための研究開発が進められています．

　ユーザの頭部運動から HMD への表示にかかる遅延のことを **MTP latency**（motion-to-photon latency）と呼びます（図 3.37）．MTP latency は PC と接続する HMD ではディスプレイの反応とヘッドトラッキングと描画処理が関係し，たとえば，

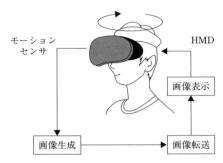

モーション
センサ

HMD

画像表示

画像生成

画像転送

図3.37　MTP latency

HTC VIVE では平均5.1 ms，Oculus Rift CV1 では平均5.8 ms という低遅延が達成されています．モバイル端末ではこれに通信時間が加わります．他にもインタラクティブな体験では，入力から表示にかかるまでの遅延時間が体験の質に与える影響が顕著になります．シューティングゲームでの End to End 遅延は，20 ms 以下が e-Sports のような熟練ゲーマーの閾値として報告されています．一般に 30 ms の遅延はインタラクティブな体験にはやや問題があるレベルとされています．素早い反応が要求されるゲームでは，150 ms が遅延の限界とされています．同様に没入環境でのコミュニケーションでは 150 ms 程度が設定されています．また，遅延の平均値や中央値だけでなく，ばらつき（ジッタ量）も重要で，15 ms 未満にすることが推奨されています．

　ソーシャル VR サービスやオンラインゲームなどでは遅延時間の影響を小さくするために，オンライン体験であっても，多くの処理をオフラインで実施しています．たとえば，ワールドのように体験中に大きく変化しない情報については事前にダウンロードさせたり，動きのデータを送る代わりにエモートなどのプリロードされたアニメーションを再生したりすることで通信量を抑えることができます．ただし，新しいアバタやバーチャルオブジェクトが追加されるたびにダウンロードやインストールが必要となることが制約になります．

3.3.4●VR 世界の複製

　メタバースのサーバシステムは MMO ゲームと似た構成になっています．一般的に VR 世界には入場者数の制限を設けています．その上限を越えたときにはサーバの負荷分散を考慮し，VR 世界を複製しています．複製された世界は独立となるため，異なる世界にいるユーザ間で直接交流することは基本的にはできません．同時接続者数が数千万人といったイベントでもユーザ（アバタ）の数がそれほど多く見えないのはそのためです．

ワールド

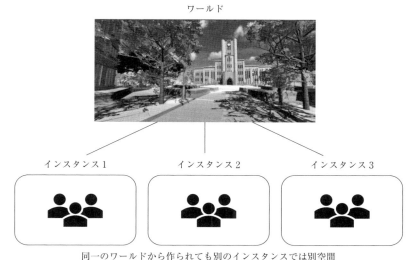

インスタンス1 インスタンス2 インスタンス3

同一のワールドから作られても別のインスタンスでは別空間

図3.38　インスタンスとワールドの関係

　たとえばVRChatの「ワールド」は，VR空間の世界を構築するための設計図のようなもので，それをもとにインスタンス（instance）という形で実体化させています（図3.38）．オブジェクト指向プログラミング言語での「インスタンス」に似た使われ方で，ワールドが「クラス」に相当すると考えられます．なお，別のソーシャルVRサービスであるMozilla Hubsではワールドが「シーン」，インスタンスが「ルーム」と呼び方が異なります．いずれのサービスでも一つのインスタンスでは同時に存在することができるアバタは20個程度に制限されています．これは，アバタ数の増加に伴って描画処理量が増えるためです．サービスによっては，管理者がインスタンスに特定の入場制限を付けることもできます．また，同一のIPアドレスからの接続数に制限を与えているサービスもあります．

参考文献

- OpenPose：https://arxiv.org/abs/1803.08225
- MediaPipe：https://google.github.io/mediapipe/
- OpenFace：https://github.com/TadasBaltrusaitis/OpenFace
- E. Banatt, S. Uddenberg, and B. Scholl："Input Latency Detection in Expert-Level Gamers", Yale University（2017）
- D. Roberts, T. Duckworth, C. Moore, R. Wolff, and J. O'Hare："Comparing the End to End Latency of an Immersive Collaborative Environment and a Video Conference", in 2009 13th IEEE/ACM International Symposium on Distributed Simulation and Real Time Applications, pp. 89-94（2009）
- Becher, A., Angerer, J., & Grauschopf, T.：Novel Approach to Measure Motion-To-Photon and Mouth-To-Ear Latency in Distributed Virtual Reality Systems. ArXiv:1809.06320［Cs］. http://arxiv.

org/abs/1809.06320（2018）

- Submarine Cable Map：https://www.submarinecablemap.com/
- T. Baltrusaitis, A. Zadeh, Y. C. Lim and L. -P. Morency："OpenFace 2.0: Facial Behavior Analysis Toolkit", In Proc. 13th IEEE International Conference on Automatic Face & Gesture Recognition （FG 2018）, Xi'an, China, pp. 59-66（2018）
- 中嶋謙互：オンラインゲームを支える技術．技術評論社（2011）
- Shih-En Wei, Jason Saragih, Tomas Simon, Adam W. Harley, Stephen Lombardi, Michal Perdoch, Alexander Hypes, Dawei Wang, Hernan Badino, and Yaser Sheikh："VR facial animation via multiview image translation". ACM Trans. Graph. 38, 4, Article 67 pp.1-16（2019）

4章
メタバース/VR と身体

「メタバース」の広大な世界の中で，自分の分身として表現されるキャラクターがアバタです．身体性を有するアバタは新しいコミュニケーション手段として注目されています．メタバースの中のアバタはどのように作成され，どのように身体の動きを反映させ，そして，どのように身体に影響を与えるのでしょうか．本章では，メタバース内における身体に焦点を当て，関連する技術や現象，効果について俯瞰します．

4.1 アバタと身体

メタバースなどのデジタル環境を通じて表現されるユーザの身体は一般に**アバタ**と呼ばれます．アバタは新しいコミュニケーション手段として注目されています．アバタの操作にはマウスやキーボードなどを介するものだけでなく，3章で紹介した計測技術を使って自分の動きとアバタの動きを対応させ，アバタを自分の身体のように感じ，制御することができます．このように自分の身体として認識することを**身体化**（embodiment）と呼びます．身体化されたアバタは，ソーシャル VR における自己の表象としての **CG アバタ**，遠隔地に実体をもつ**テレプレゼンスロボット**などが，すでに実社会で活用されています．ただし，多くの場合，ユーザの物理的な身体とは大きさや形などが完全に一致することはまれで，異なる身体特性をもつことになります．その差異によって生じる心理的な変化は注目されています．

また，CG アバタは，VR 空間やオンラインゲームで静的あるいは最適化されたモデルやプログラムを計算機の内部にもって描画を行うのが一般的です．それに対して，メタバース空間では他者がリアルタイムに生成・編集・保存した動的な 3DCG の描画や最適化されていないモデルの描画が必要となります．

たとえば Fortnite などの 3D オンラインゲームでは，ゲーム会社の用意したワールドやアバタなどの 3D モデルに対して，ユーザの操作に応じて既定のアニメーションが再生されます．このとき，最適化されたレンダリング情報を静的に生成できるため，没入感の高い高精細なレンダリングが可能となります．

それに対して，VRChat などのソーシャル VR では，ユーザが自由に生成した多種多様なテクスチャ，メッシュ，ポリゴン数の 3D モデルと，フルトラッキング技術を用いた自由度の高い動作のレンダリングが必要となります．そのため，最適化された静的なレンダリング情報を事前に内部で保持することができず，リアルタイムレンダリングが前提となります．2023 年現在ではソーシャル VR プラットフォーム側で利用可能な 3D モデルやアバタの品質に制限を設けることが多く，プラットフォームによって制限の度合いがさまざまです．そのため，プラットフォームごとにモデリングの高度な調整が必要となり，メタバースの普及に向けた大きな課題となっています．

4.1.1●ア　バ　タ

アバタ（avatar）はソーシャル VR 空間の中では自分の分身として出現する存在やキャラクターです．アバタの語源は，サンスクリット語のアヴァターラ（avataara）で，インド神話や仏教説話の中で「神や仏の化身」として用いられていた言葉です．現在ではゲームや SNS における自分の化身として浸透し，活用が進んでいます．メタバースプラットフォームではそれぞれの空間ごとにさまざまなアバタが利用できます（図 4.1）．どれくらいアバタをカスタマイズできるかはサービスやプラットフォームごとに異なります．いくつかの選択肢から顔のパーツなどを組み合わせるものもあれば，別途作成したオリジナル 3D アバタを使えるものもあります．この際，年齢や性別，体型などを物理世界とは変えて自由なアバタを使うこともできます#．一方，物理世界の見た目に似せたアバタを写真から作成するサービスもあります．写真から3D アバタを自動生成してくれるサービスである ReadyPlayerMe では，髪型や瞳の色，メガネの着用の有無などが調整できます（図 4.2）．ここで作成したアバタを Hubs

図 4.1　ソーシャル VR における多様なアバタ（VRChat）

\#　美少女のアバタをまとうことをバーチャル美少女受肉，略して「バ美肉」と呼ぶこともあります．

図4.2　ReadyPlayerMeで作成したアバタ作成

やVRChatなどで利用することができます.

　さらに，アニメ調やカートゥーン調ではなく，写真からフォトリアルな3Dモデル
を作って利用することもできます.　フォトリアルなモデルを作る方法として**フォト
グラメトリ**と呼ばれる手法があります.　この手法では，被写体をさまざまなアング
ルから撮影し，その複数の画像を解析して立体的な3Dモデルを作成します（図
4.3）.　被写体がフィギュアのような静止物体であれば，1台のスマートフォン（た
とえばApple社のiPhone）で取り囲むように複数枚の写真を撮影し，3Dモデルを作
成することができます.　iPhoneやiPadではレーザ光を照射してスキャンするLiDAR
機能が搭載された機種もありますが，非搭載の機種でも利用できるScaniverseや
WIDARというアプリが有名です.　ただし，被写体が人間や動物の場合，複数枚の写
真を撮影する間に少しでも動いてしまうとフォトグラメトリの計算結果に影響が生じ
ます.　そのため，複数のカメラのシャッタを同時に切り，時間ズレのほとんどない写
真を撮影するようにすれば，綺麗な3Dモデルを得ることができます.

　3Dモデルの姿勢が変わるたびに**メッシュ**を編集するのは手間になります.　そこで，
3Dモデルの体形に沿って**ボーン**（骨）を入れ，ボーンとメッシュを関連づけること
でメッシュが変形できるようになります.　このボーンを入れることを**リギング**
（rigging，リグ入れ）と呼びます.　リギングによってアバタとして動かせるようにな
り，モーションを再生できるようになります.　さらに，3Dモデルの頂点の形状を変
形させることで，音声に合わせて口を動かしたり，自動で瞬目させたりといった設定
もできます.　アバタはキーボードやマウスでの操作も可能ですが，トラッキング技術
を使えば，より自然な体の動きをアバタに反映させることができます.

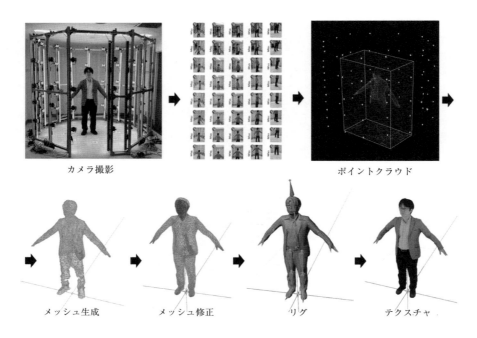

カメラ撮影　　　　　　　　　　　　ポイントクラウド

メッシュ生成　　　　メッシュ修正　　　　リグ　　　　テクスチャ

図4.3　フォトグラメトリ

　髪の毛や衣装の揺れや，猫耳や尻尾などのパーツに動きを与えることもできます．多くの場合，バネのように接続されたボーン（**スプリングボーン**）として設定することで，その親に相当する部位の動きに追従して動くようにします．また，アクセサリーや衣装のモデルを購入し，アバタに着替えさせることもできます．そのため，ハロウィンやお正月など，季節の行事に合わせて見た目を変えることもよく行われます．

　アバタを作成する際には表面の形状だけでなく，内部の形状のモデリングも重要な要素となります．たとえば，元の3Dモデルの目の部分のメッシュを切り取り，眼球モデルを入れることで，眼球を動かせるようになります．カートゥーン調のキャラクターの場合，目を描画したテクスチャを用意して，それを切り替えることで目を動かすこともできます．また，発声に応じて口を開閉させるには，口腔内をモデリングしておく必要があります．単に口付近のメッシュを切り取るだけでは後頭部のメッシュ（の裏面）が正面から見えてしまうからです．ただし，常時見える部分ではないので，多くの場合，精密なモデルを作成する必要はありません．

（1）ヒューマノイド型アバタ

　3Dモデルに対して，人型のモデル用に作られたモーションを適用するには，「**ヒューマノイド型**」と呼ばれる標準化された構造を使用する必要があります（図

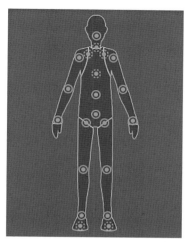

図4.4　Unity でのヒューマノイド

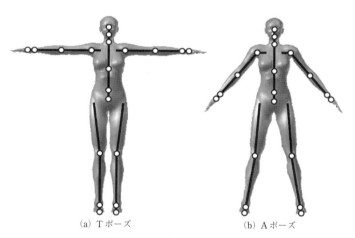

(a) Tポーズ　　　　　　　　(b) Aポーズ

図4.5　TポーズとAポーズ

4.4)．ヒューマノイド型は人間の骨格に概ね適合するように編成された構造として定義されています．Unity で用いられている Humanoid Avatar では体，頭，手にボーンが設定されています．腕や足が明確ではない立体図形や動物やドラゴンなどのモデルにおいても，どのリグが腕や手指，足なのかを対応付ければ，人型のモーションが適応できたり，操作したりすることができるようになります．

(2) TポーズとAポーズ

　人型キャラクターのモデリングの姿勢は，一般的にTポーズ（Tスタンス）とAポーズ（Aスタンス）のいずれかが用いられます．各姿勢がアルファベットの「T」や「A」の形に近いところから命名されました（図4.5）．

　T ポーズは直立し，腕を水平にして手の平を下に向け，足を垂直にする姿勢のため，長さが測りやすいのが特徴です．モデリングしやすく，リグが組みやすく，編集しやすいといった長所があります．ボルダリングのように腕を肩より高く挙げるポーズが多い場合は T ポーズの使用が適しています．ただし，腕を下げたときに肩や腋の部分が破綻しやすくなります．

　それに対して，**A ポーズ**は腕が肩まで上がる途中の姿勢であるため，腕を下げた自然な姿勢をとりやすいという特長があります．足をやや開くことも T ポーズと異なります．ゲームで銃を構えたり，バイクに乗ったりする姿勢のように腕を肩より高く挙げるポーズが少ない場合は，A ポーズの方がより自然な形になります．ただし，モデリングやリギングは A ポーズのほうがやりにくく，腕を肩より高く挙げるときに肩の部分が破綻しやすくなります．体のスケールが測りづらいといった短所もあります．

（3）順運動学と逆運動学

　HMD やコントローラの位置の情報から，肘や肩の角度などのアバタの関節角度を推定するためには，**逆運動学**（inverse kinematics）と呼ばれる問題（**IK 問題**）を解く必要があります．ロボットアームの先端や CG アニメーションにおけるキャラクターの腕などの，リンク機構の位置と姿勢の計算に使われます．

　順運動学（forward kinematics）はアームの長さと角度を与えた場合に，先端がどの座標を示すかを計算するものです．単純化のために 2 本のアームと 2 個の回転軸からなる図 4.6 のような 2 リンク機構を考えます．先端の座標 (x, y) は根本部分を原点としたとき

$$x = l_1 \cos \theta_1 + l_2 \cos(\theta_1 + \theta_2)$$
$$y = l_1 \sin \theta_1 + l_2 \sin(\theta_1 + \theta_2)$$

と表すことができます．

　それに対して，**逆運動学**は先端の座標を与えた場合に，アームの角度を計算するものです．上の例では幾何学的解法（たとえば余弦定理などを用いること）で，θ_1 と θ_2 について解析的に解くことができます．

$$\theta_1 = \mathrm{atan2}(y, x) \mp \mathrm{atan2}(k, l_1^2 - l_2^2 + (x^2 + y^2))$$
$$\theta_2 = \pm \mathrm{atan2}(k, (x^2 + y^2 - (l_1^2 + l_2^2))$$
$$k = \sqrt{(x^2 + y^2 + l_1^2 + l_2^2)^2 - 2\{(x^2 + y^2)^2 + l_1^4 + l_2^4\}}$$

　ただし，atan2 は 2 変数逆正接関数です．θ_2 が正か負かの場合があり，複号同順で二つの θ_1 と θ_2 が存在します（図 4.7）．VR アバタのようにヒトの腕の関節であれば，可動域角度を設定することで，一意に定めることができます．

　ここで，より一般化した場合で考えてみます．順運動学で関節角度から先端位置に

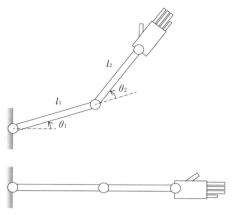

図4.6 手先の位置と姿勢のシンプルな例

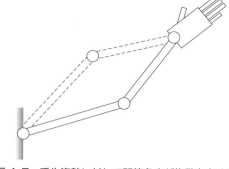

図4.7 手先姿勢に対して関節角度が複数存在する例

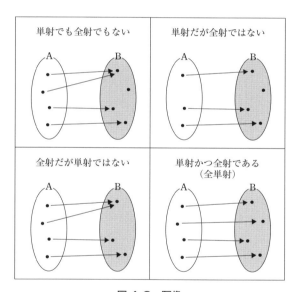

図4.8 写像

変換する関数 f を求め，その逆関数 f^{-1} を求めれば，先端位置から関節角度に変換する IK 問題が解けると考えられますが，一般的に関数 f は非線形関数で，必ずしも逆変換 f^{-1} が存在するとは限りません．逆変換が存在するためには関数 f が全単射である必要があります．変換を一般化したものを**写像**と呼びますが（図4.8 参照），集合 A から集合 B への写像 f のうち，単射かつ全射のものを**全単射**といいます．**単射**とは異なる矢印が同じ B の要素を指さないことです．**全射**とはすべての B の要素が指されていることです．つまり，全単射ではすべての要素が 1 対 1 に対応している状

態にあります.

　また，姿勢自由度が手先自由度よりも大きい場合，関節角度から手先位置への変換は単射ではありません.すなわち一つの手先位置に対応する姿勢が複数存在することになります.つまり，複数の姿勢の候補が存在する中から選ぶ必要があります.目的に応じてさまざまな手法が提案されていて，解析的に求める方法や数値計算を使用する方法がよく用いられます.

　手先座標 r に対するヤコビ行列（Jacobian）は $J=\partial r/\partial\theta$ で求められ，$r'=J\theta'$ と表されます.手先と関節角の速度間の関係は線形で記述できることを示しています.関節微小角変位ベクトルから手先の微小変位ベクトルへの写像を表します.微小変位を扱うとき，順運動学では線形演算で計算されますが，逆運動学ではヤコビ行列の逆行列である $J^{\#}$ を計算することで可能です.先端位置の微小変化から関節角の微小変化を計算できます.

　また，$r=(x, y)^{\mathrm{T}}$，$\theta=(\theta_1, \theta_2)^{\mathrm{T}}$ とすると

$$J=\begin{bmatrix} -l_1\sin\theta_1-l_2\sin(\theta_1+\theta_2) & -l_2\sin(\theta_1+\theta_2) \\ l_1\cos\theta_1+l_2\cos(\theta_1+\theta_2) & l_2\cos(\theta_1+\theta_2) \end{bmatrix}$$

で表されます.また，J の行列式 $\det J=0$ のとき，順運動学のヤコビ行列の逆行列が存在しません.上の2リンク機構の例では $\det J=l_1 l_2\sin\theta_2$ となるため，$\theta_2=0$ や $\theta_2=\pi$ では手先の速度と関節角速度の対応がとれなくなります.これらはヤコビ行列の特異点です.この状態を**特異姿勢**と呼び，この姿勢は構造的に制御できないため，不安定となり，回避すべき姿勢とされます.

（4）アバタの感情表現

　メタバース空間でのユーザ間のコミュニケーションには言語的（バーバル）なものだけでなく，身体の仕草や振る舞いといったノンバーバルコミュニケーションを有効に活用できます.他のユーザと向き合った状態でのコミュニケーションでは顔の表情や目線が大きな役割を果たします.ユーザの表情は HMD に取り付けたセンサやカメラで顔の動きを検出し，また目線は HMD 内のアイトラッカによって検出することが可能となります.計測で得られた動きをアバタの顔や目線に対応させることができます.ただし，ユーザの表情をアバタの表情に忠実に再現する方法よりも，ユーザの笑顔が検出されたときに予め決められた「笑顔」の動作となるようにアバタの顔を変形させるといった感情表出を行う手法が主流です.また，リアクションボタンを押すことで，予め登録された身体動作をアバタの動きとして表出することができます.ただし，表情や身体表現がどこまでアバタに反映できるかはプラットフォームごとに異なります.

（5）アバタの音声

　アバタが発する声はマイク入力された音声などから生成されます．地声でも特に問題とはなりませんが，ボイスチェンジャなどを使ってリアルタイムに加工した音声を使用することもできます．

　人間の喉にある発声器官の形状は年齢，性別によって異なります．声帯振動で生成される声は周期的な波形となり，その基本周期の逆数を**基本周波数**と呼びます．この基本周波数の整数倍の音を**倍音**（harmonic sound）と呼びます．この倍音成分を含んだインパルス列と声道特性のスペクトル包絡の畳み込みによって音声スペクトルが得られるというモデルが**ソースフィルタモデル**です（図4.9）．音声の**ピッチ**（pitch）と**フォルマント**（formant）という特徴の調整をボイスチェンジャでは行うことが多いです．ピッチは音の高さに関する心理量です．フォルマントは振幅スペクトルのピークとなる共振周波数で，声質に関係します．母音が声道の形状による共振特性によって生じていると仮定し，そのスペクトル包絡を求めたときの n 番目の共振周波数を**第 n フォルマント**と呼びます．ボイスチェンジャでのパラメータ調整は非常に難しい作業となるため，不自然な声になりがちです．

　そこで，声道のパラメータとして**メルケプストラム**（mel cepstram）が音声分析や音声合成ではよく使われます．**ケプストラム**（spectrum の頭4文字を逆に並べ変えた cepstrum）は，音声などの時系列波形データのフーリエ変換によって得られるスペクトル信号を，さらにフーリエ変換して得られ，スペクトルのスペクトルとも呼ばれます．ケプストラムで得られるスペクトル包絡は，人間の声道の特性を表しているとされています．メルケプストラムは，一様な周波数スケールから聴覚特性を反映したメルスケールへと周波数伸縮し，このメルスケール上でスペクトルをサンプリングして得られるケプストラムです．より低周波数領域が細かくサンプリングされるため，人間の聴覚特性に適しています．

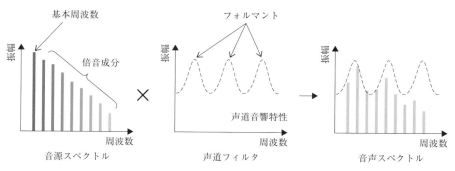

図4.9　声道フィルタを用いた音声生成モデル

　ボイスチェンジャにはハードウェア方式とソフトウェア方式があります．ソフトウェア方式はハードウェア方式より安価ですが，処理の遅延が大きいことが欠点です．しかし，ソフトウェア方式では，深層学習などの機械学習を使った音声変換手法も登場し，性能向上や汎用性が高まってきています．

(6) 相互運用性

　3Dモデルのデータを取り扱うファイルフォーマットにはFBXやOBJ，GLBなどいくつかの標準規格があります．しかしながら，アプリケーションごとの互換性が不完全であり，モデリング手法やモデリングツールに応じて3Dデータに細かい差が生じます．そのため，ヒト型の3Dデータを複数のメタバースプラットフォームで取り扱う際には，細かい調整やシステムの再構築が必要となります．こうした調整をせずにアバタを異なるプラットフォーム間で手軽に使いたいというアバタの**相互運用性**（interoperability）に対する要望を受けて，VRM形式が2018年に策定されました．当初は株式会社ドワンゴによって発表され，以降オープンソースとして公開されています．VRM形式は前述のヒューマノイド型の3Dモデルデータを扱うためのファイルフォーマットで，このフォーマットでは，作ったアバタの権利についてアバタの作者が利用者や操作者に対してアバタの「人格」の許諾範囲を設定できます．アバタのさまざまな権利や，メタバースの中のルールや法律は整備が間に合っていないため，喫緊の課題とされており，盛んに議論が行われています．現在，VRMは国内向けが中心で，海外を含めると標準はFBX形式となっています．

(7) アバタとプレイヤの関係

　アバタがプレイヤにどのように扱われてきたかの関係性を調査した研究結果によると，アバタに対する自己同一感（自己分化）の強さや，感情的な結びつき，アタバの行為に対する主体感といった観点がプレイヤごとに異なることが明らかになりました．それを四つに分類したものが図4.10になります．

　Object型ではアバタをモノや道具，あるいはチェスの駒のように見ています．Me型では鏡のようにアバタを自己と同一視しています．Symbiote型ではアバタと自己が共生関係にあり，理想の自己を実現するためのマスクやコスチュームとしてアバタを使います．Social Other型ではアバタを自分とは異なる他者として見ています．

　メタバースやソーシャルVRによる身体化されたアバタは，プレイヤとの関係性をMe型に引き寄せていると考えられます．アバタを使うことで，Object型に愛着を与えたり，Social Other型には自己の疑似体験に変えたりといったことが行われています．

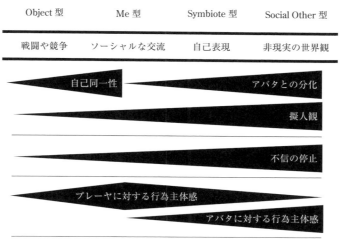

図4.10 アバタとプレイヤの関係

4.1.2●自己と身体

（1）ミニマルセルフとナラティブセルフ

　自己という概念には，**ミニマルセルフ**（minimal self，最小限の自己）と**ナラティブセルフ**（narrative self，物語的自己）の二つから構成されると考えられています．ミニマルセルフは一切の自己知識を失ったとしても残る最小限の自己で，**身体所有感**（sense of body ownership）と**行為主体感**（**運動主体感**，sense of agency）の二つからなると考えられています．その瞬間の経験の主体である限りの自己であり，全体として捉えられた人間とも区別されるものとされます．それに対して，ナラティブセルフは，ミニマルセルフの経験が過去から未来に向かって連なった物語として自らの存在を紡いで構成された自己です．過去から現在までの来歴をまとめた，統一的で統合的な物語の主人公のようなのものが自己であり，同一の自己という連続性とアイデンティティをもつものとされます．

　ソーシャル VR の中で自分がアバタをまとうとき，物理的な身体からバーチャルな身体に変容します．そのため，この変容がミニマルセルフの水準であるのか，ナラティブセルフの水準であるのかを区別することは重要です．

（2）身体所有感と行為主体感

　米国の哲学者・認知科学者である Shaun Gallagher 氏はミニマルセルフが身体所有感と行為主体感の二つにより構成されると説明しました．

　身体所有感は身体が自己に帰属するという感覚です．これは自分の体である，という感覚です．4.1.5項で紹介するラバーハンド錯覚ではゴムの手が自分の身体のよ

135

うに感じられることから，視覚情報が身体所有感に影響することを示唆しています．また，道具（テニスラケットや包丁など）を使う場合，4.3.4項で紹介する熊手を使って遠くの餌を取るサルも，道具を体の一部であると認識していると考えられます．VR空間においてもアバタに身体所有感を感じるかはVR体験の質を左右します．VRシステムでは，視覚に加えて，体性感覚や運動などのマルチモーダル情報がうまく統合されること（ボトムアップ側面）と，身体としての質感，解剖学的な妥当性のような意味情報（トップダウン的側面）が身体所有感の生起に寄与すると考えられます．

　行為主体感はある動作が自分の意思で行った運動として帰属される感覚です．この行為をしたのは自分である，自分が主体的に行っているという感覚です．ボタンを押したときに音が鳴った場合，音を鳴らしたのは他の誰でもなく自分であるという行為主体感を感じます．他にも自動車の運転で，ハンドルやペダルの操作に応じて動く場合，行為主体感が感じられます．マウスカーソルやゲームのキャラクターにも行為主体感が感じられることがあります．このとき，ある行為とその結果に遅延が生じると行為主体感が失われます．VR空間においてもアバタが発する音声を聞くときに，同時に喉元に振動刺激を与えると，聞いている言葉をあたかも自分が話しているように感じるようになり，体験者の声の高さもアバタから発せられた音声の基本周波数に近づくことが報告されています．

　人がある意図をもって行為を行うと，脳から**運動指令**（motor command）が発せられ，実際に四肢を動かします．それと同時に運動指令の**遠心性コピー**（efference copy）から**順モデル**（forward model）に基づき自らの運動の予測が行われます．自分の四肢の運動によって生じた結果は感覚器官の情報から知覚されます．この順モデルに基づく予測と知覚された結果に矛盾がなければ強い行為主体感が生じますが，その差が大きくなると行為主体感は弱まります．

　行為主体感は，**intentional binding**と呼ばれる行為と結果の間にかかる主観的な時間が短縮する現象を使って，客観的に効果を図ることができます．この課題では，ある行為（ボタン押し）とその後に結果（ビープ音）が生じた主観的な時間を時計の針を見ながら報告するというものです．ボタン押しをするだけのとき，ビープ音を聞くだけのときと比べて，行為の後に結果が生じるときには，行為のタイミングが遅れ，結果のタイミングが早まって感じられるというものです（図4.11）．この効果は，他者によって指を動かされてボタンを押す場合や，経頭蓋磁気刺激（TMS）で強制的に運動が引き起こされてボタンを押す場合には生じません．

（3）身体図式と身体像

　人は自己を特定の身体的外見をもつものであると捉えています．そのため，鏡に写った自分の姿を，すぐに自分であると認識することができます．

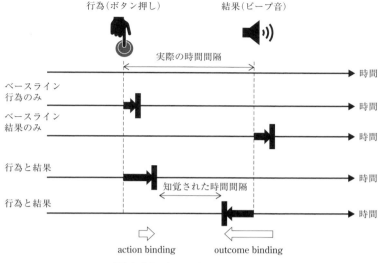

図 4.11　intentional binding

　身体図式（body schema）は，感覚運動系によって無意識に作り上げられます．身体図式の機能は，行為主体感の成立にとって欠かせないと考えられますが，自分が身体を動かしているという感覚までは含みません．それに対して，自己の**身体像**（body image）は，自分の身体を意識的に知覚したものです．自分の身体を動かしたり観察したりする経験の中から生じていると考えられます．

　身体図式が自覚を伴わずに機能する感覚運動系で得られるのに対して，身体像は自己の身体を意識的に捉えた認知過程で得られます．身体図式は，姿勢の維持や運動の調整において意識下で作動している主体で，習慣化された動作ではより滑らかに機能します．これに対して，身体像は，自覚的に身体を動かすことが必要となるような，複雑な動作で大きな役割を果たします．他にも Paillard 氏は，身体図式を「身体中心の空間協調システム」，身体像を「世界中心の空間協調システム」として区別しています．

4.1.3●プロテウス効果

　メタバースにおけるアバタの見た目は，そのユーザの行動特性に影響を与えることが示唆されています．身体と心（精神）はそれぞれ独立して在るとする心身二元論はデカルトが 17 世紀に提唱し，その後の自然科学の発展に大きく寄与しました．一方で，悲しいときに涙を流すように，心と身体は完全に独立したものではなく，その間に相互作用が生じることは指摘されています．心と身体が相互に影響を及ぼし合うの

であれば，アバタの切替えによる身体の変容は，心の変容にも影響を与えると考えられます．つまり，見た目が異なるアバタを使うことで自分の偏見や先入観を排除してフラットに交流したり，自分と違う環境や立場，あるいは別の人種や性別の人物になりきれたりします．たとえば，魅力的な外見のアバタを用いたユーザのほうがより自己開示をすること（図4.12）や身長の高いアバタ（図4.13）を用いるときにコミュニケーションや振る舞いが変化することが報告されています．このような「他人を演じる」「他人の視点に立つ」という行動によって物理世界では会得しにくかった

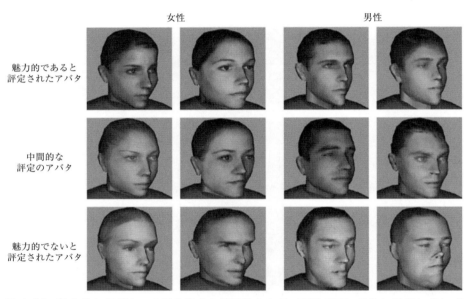

図4.12　魅力的なアバタへの没入はより開示的になる．実験で用いられたアバタ（Yee&Bailenson, 2007）

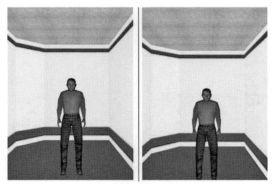

図4.13　背の高いアバタへの没入は交渉においてアグレッシブな態度をとる（Yee&Bailenson, 2007）

他者への理解が促進できると報告されています．

　このようなユーザにみられるアバタの見た目による心理的影響は 2007 年にスタンフォード大学の Jeremy Bailenson 氏のグループにより報告され，「**プロテウス効果**」（Proteus effect）と名付けられました．プロテウスとはギリシア神話に出てくる変幻自在に姿を変えられる海の神のことです．「人々の社会的期待が，その期待を確認させるような行動をとらせる」という行動的確証によって，アバタの外見に対して社会が感じる期待を叶えようとすることでプロテウス効果が生じるとされています．そのため，ある種のステレオタイプによって特定の能力がイメージされるようなアバタが使われる傾向があります．プロテウス効果は，プライミング効果だけでは説明できないという報告があります．**プライミング効果**とは，先行する刺激がその後の刺激の処理に無意識に影響するという心理効果です．プロテウス効果ではアバタの身体を自分のものと感じていることに起因する効果の存在が報告されているためです．

　アバタの見た目を操作する研究は進展して，白人が黒人のアバタをまとい，黒人としての VR 体験を通じて黒人に対する潜在的な人種差別のような偏見が低減した実験結果が報告されています．VR 空間で人助けをするという課題を実施した後の行動の変化を調べた実験では，スーパーヒーローのように空を飛んで人を助ける課題（あるいはヘリコプターで飛ぶ，観光をするの組合せの課題）を参加者に体験させた後，実空間において実験者が「うっかり」落としたペンに対する参加者の拾い方の反応を調べました．その結果，人助け課題を実施した後の方がペンを拾った参加者が多く，スーパーヒーローのように飛んだ後の方がより素早く拾ったことが報告されました．これは VR 空間での体験が実空間の行動に影響を与えたことを示しています．ほかにも，スーツを着た明るい肌のアバタと，ラフな格好をした暗めの肌のアバタで太鼓を叩くタスクでは，どのアバタをまとうかによって太鼓の叩き方に違いがでるといった報告もあります．また，人間以外の動物に身体化する体験により，自然への理解を深めることができます．物理世界の人間にはない第 3 の腕をもつアバタに適応できるかを調べた研究や，ドラゴンのような架空の生物への身体化とその効果に関する研究も進んでいます．

　また，一人で複数のアバタを使うようになれば，それぞれのアバタに応じたアイデンティティが生まれることは自然です．たとえば，SNS などで複数のアカウントをもって運用しているユーザは匿名の場合，公式なアカウントと「裏アカ」などで異なる人格のように見えます．また，SNS に限らず，日常生活でもパートナーや両親の前と，学校と仕事場では話し方が異なりますが，これもアイデンティティを使い分けているともいえるでしょう．

図 4.14　Web カメラだけで VTuber になれる Animaze

4.1.4●VTuber

VTuber（バーチャル YouTuber）とはアバタを身にまとって YouTuber のように動画配信を行うライバー（配信者）のことをいいます．日本から生まれた文化であるといわれています．一般的に YouTuber は自身が演者として出演しますが，VTuber の動画には表情や身振りを反映させたアバタやバーチャルキャラクターが出演します．最近ではスマートフォンでもリアルタイムでカメラの映像にさまざまな加工処理ができるアプリが人気を集めており，そうしたアプリを使えば誰でもすぐにアバタをまとって配信できるようになりました．

ビデオ会議システムの Zoom（Zoom Video Communications Inc.）では標準で CG キャラクターにアバタ化する機能が備わっています．さらに，他のアプリケーションを使えば，CG キャラクターだけでなく，好みの 3D モデルを使ったり（図 4.14），実写で別人の顔に変えたりして参加することもできます．たとえば，Web カメラ映像をディープフェイク技術で他人の顔にすり替える手法は PC の処理能力に依存するものの，低遅延で十分なフレームレートでのコミュニケーションが実現できます（図 4.15）．顔をすり替える具体的な方法として，**敵対的生成ネットワーク**（GAN：generative adversarial networks）をベースにした Faceswap という方法があります．この方法では Web カメラ以外に特殊なハードウェアを必要とせず，顔の三次元モデルも事前に用意する必要がないことが特長です．Web カメラからの参照動画をもとに顔の表情や向き，目や口の開閉，首や肩の動きなどを静止画に転写させます．

4.1.5●アバタと身体錯覚

（1）ピノキオ錯覚

腱に 80 Hz 程度の振動刺激を与えると，筋の長さセンサである筋紡錘が興奮し，関

Driving video　　output video (A)　　output video (B)

図 4.15　1 枚の顔画像からディープフェイクによる別人化

節位置の錯覚が生じることが報告されています．たとえば，上腕二頭筋の腱に振動刺激を与えると肘を伸展させる方向に，また，上腕三頭筋の腱に振動刺激を与えると肘を屈曲させる方向に錯覚が生じます．これらの刺激のタイミングを調整すれば，円や四角の図形を描いているようなイメージをつくることができます．

　このとき，刺激される手を他の身体の部位とつないでおくと，手の触覚が残ったまま関節位置の錯覚が起こるため，姿勢が変容したように錯覚されます．たとえば，鼻をつまんだ状態で肘が伸展するように上腕三頭筋の腱を刺激して運動錯覚を生じさせると，つままれた鼻が伸びるように知覚されます．そのため，**ピノキオ錯覚**と呼ばれることもあります（図 4.16）．また，上腕二頭筋と上腕三頭筋の腱に同時に振動刺激を提示すると，腕の長さが伸びたように知覚されます．

(2) ラバーハンド錯覚

　パソコンのマウスカーソルでは身体所有感は乏しい一方で，行為主体感は高いものになります．それとは逆に，高い身体所有感から生まれる錯覚として，**ラバーハンドイリュージョン**（**RHI**：rubber-hand illusion）があります．図 4.17 のように体験者本人の手を見えないようについたてを置いた状態で，目の前に置かれたゴムの義手（ラバーハンド）と体験者の手をブラシで同時にしばらくなでると，同期した視触覚情報の一貫性によって，ゴム義手をまるで自分の手のように感じる現象です．一貫性のある視触覚情報には約 200 ms 以下の時間遅延での同期が必要とされ，遅延が大きくなったり，非同期になったりすると RHI が減衰します．また，空間的な観点では，ゴム義手を自分の手の距離が遠いときや，なでられた指が異なる場合，ゴム手が 90° 回転して置かれた場合には錯覚が生じにくいことが知られています．さらに，

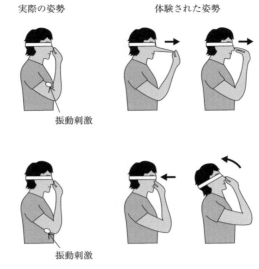

実際の姿勢　　　　　　体験された姿勢

振動刺激

振動刺激

図4.16　ピノキオ錯覚

図4.17　ラバーハンド錯覚

「その人の手に似ているか」「自分の胴体に無理なくつながっているか」などのトップダウンの文脈や知識も RHI の生起に関係します．

　RHI を生起させた状態でゴム義手にナイフを近づけたり，ゴム義手を折り曲げたりしたときに，発汗による皮膚の電気抵抗値（SCR）を計測すると，SCR は大きく上昇することが報告されています．また，RHI を生起させた場合，自分の手の皮膚温度が低下することが知られています．さらに，目を閉じた状態で自分のなでられた手の位置を回答する際に，ゴム義手のある位置の方に位置を誤認識する proprioceptive drift が生じることが知られています．

　また，VR 空間で自己の運動に同期して動くバーチャルハンドアバタに対しても，視覚運動間の同期によって身体所有感が生起することが示されています．これは RHIの拡張版と考えることができます．

（3）フルボディ錯覚

　RHI を全身に拡張した錯覚もあり，**フルボディイリュージョン**（full-body illusion）と呼ばれています．この錯覚では，実験参加者は HMD を装着し，特定の位置に立ちます．このとき HMD には 2 m 前方に自分の背中が映し出されます．映像中の自分の背中は棒でなでられており，それと同じタイミングで物理的な「自分」の背中も実験者により棒でなでられることで錯覚を生じさせます．

　映像と同期あるいは非同期の棒による触覚刺激が与えられた参加者に実験終了直後に，目隠しをした状態で錯覚中の自己位置に移動するように指示すると，同期条件では前方に向かって有意に大きく移動する，つまり，proprioceptive drift が生じるという報告があります．

　フルボディイリュージョンを発展させ，裸のマネキンに身体所有感を誘発し，身体が入れ替わったかのように錯覚させる body swap illusion も報告されています．

（4）体外離脱体験

　幽体離脱や**体外離脱体験**（**OBE**：out-of-body experience）と表現される特殊な体験があります．これは，意識が自分の肉体を離れたり，世界を肉体の外から眺めたりするような経験で，特殊な条件下で生じます．具体的には HMD とビデオカメラを用いて，ディスプレイ上に対象者の後ろ姿を映すことで OBE を作り出すことができます（図 4.18）．フルボディイリュージョンと同様のセットアップで，棒でなでられる自分を観察し続けると，目の前に見えるもう一人の自分を自己と認識する OBE の感覚が生じます．また，VR の空間の中でフルボディイリュージョンが生じていると

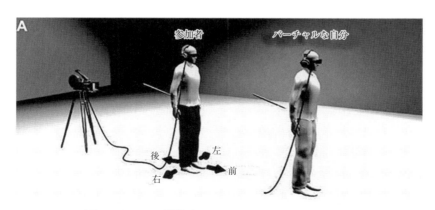

図 4.18　OBE 錯覚（Lenggenhager, et al., 2007）

きに，一人称視点だった視点を上昇させ，三人称視点で自分の動きが反映されなくなったアバタを見下ろすようにするときにも OBE が生じます.

　実験参加者が上方から自分を見下ろす自分自身を想像するとき，側頭頭頂接合部（TPJ）と呼ばれる脳部位が活性化することが fMRI の計測から報告されています. この TPJ に経頭蓋磁気刺激（TMS）が同期的に印加されることで，OBE が発現するという報告もあります.

(5) ファントムセンス

　ファントムセンス（あるいは VR 感覚）という言葉がソーシャル VR のユーザから報告されるようになりました. 現状のソーシャル VR では HMD を介した視聴覚のみのコミュニケーションにもかかわらず，触わられたような感覚が生じ，その総称とされています. ファントムセンスには，しっぽや猫耳などにも触覚のようなものを感じると報告があります. しかし，多くの場合，クロスモーダル効果や RHI のような身体所有感によって説明できる現象と考えられます. この用語自体の定義が十分に定まっていないため，今後もいろいろな感覚を含めて変化していくことや，現時点でもソーシャル VR に特化した特別な感覚を含んでいる可能性は排除できませんが，学術的には従来報告されている現象の言い換えと捉えるのがよいでしょう.

4.2　サイバーシックネス・VR 酔い

　VR ゴーグルなどを装着した体験中に乗り物酔いに似たような症状が生じ，気分が悪くなることがあります. これは **VR 酔い**（VR sickness あるいは cybersickness）と呼ばれます. 同じ装置や体験でも酔いの強さは個人差が大きく，強い不快感を伴うため，以後の VR 体験を拒絶することもあります. VR 酔いは VR に対する心理的な嫌悪感という観点からも軽視できない課題です.

　症状の類似性から動揺病と同じメカニズムで発症すると考えられています. 広義の動揺病には乗り物酔いのほかに宇宙酔い，VR 酔い，シミュレータ酔いといったものも含まれます. アルコール酔いや窒素の吸入などの物質に起因するものを含みません. 大画面のスクリーンで手ブレのあるようなビデオ映像を見るときに生じる映像酔いも VR 酔いと関係しています.

4.2.1●動　揺　病

　動揺病（motion sickness）は自動車や船などの乗り物で生じる酔いのことで，悪心，嘔吐，めまい，発汗，顔面蒼白などを引き起こします. 不規則な加速・減速の反復によって生じることが多いため，前庭感覚器，視覚器，および固有受容器からの入

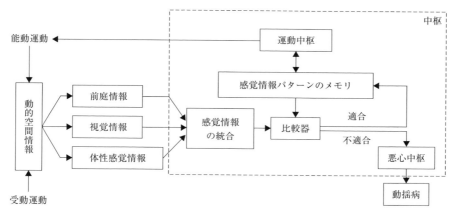

図 4.19　（動揺病の）感覚不一致説

力の矛盾が関与している可能性が指摘されています（図 4.19）．たとえば，船で船室の壁を見ているとき，静止しているという視覚入力があります．しかし，船の揺れを前庭感覚入力で検出すれば「動いている」という感覚であり，これらが矛盾することになります．乗り物酔いでは振動方向や周波数と「酔い」の関係について多くの研究報告があり，上下振動で最も動揺病を誘発しやすい周波数は 0.2 Hz 付近で，加速度が大きいほど酔いの発生率が大きくなると報告されています．

4.2.2●VR 酔い対策

　VR 酔いの根本的な発生メカニズムはまだ完全に解明されていません．VR 酔いは視覚刺激，前庭感覚刺激，体性感覚刺激の不一致によって生じるという説が有力です．VR 固有の要素としては，2 章で述べた頭部追従のずれによる VR 映像の遅れや，調節輻輳の不一致が挙げられます．物理世界でユーザが頭を右から左に動かすと，周囲の光景も同じ方向に流れます．このとき，人間の前庭眼球反射によって網膜上の視覚像を安定化させています．しかし，VR 世界で頭を動かすときには，HMD のモーショントラッキングに時間的な遅れが生じ，前庭眼球反射を妨げるために酔いの原因となると考えられます．

　感覚間の不一致を解決するためには，整合性のとれるような感覚刺激を人工的に付与することが考えられます．前庭感覚を作り出す VR 技術は 2 章で説明したように，モーションチェアを利用した機械式の刺激と，前庭電気刺激（GVS）があります．前庭感覚刺激を利用することで，視覚情報との離隔をなくし，VR 酔いを低減する研究が進められています．

　一方，VR 空間では移動時に生じるベクションが VR 酔いに関係していることも指

(a)　低速移動時　　　　　　　　　　　　　(b)　高速移動時

図4.20　移動中の視野を狭める表示方法

(https://www.engineering.columbia.edu/news/fighting-virtual-reality-sickness)

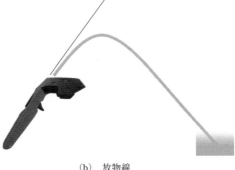

(a)　直進光線　　　　　　　　　　　　　　(b)　放物線

図4.21　テレポーテーションによる移動．コントローラのトリガを引きながら目的地を指し，トリガを離すとその場所に瞬間的に移動する方法

摘されています．そのため，ベクションが生じにくいようにHMDでの見えを変える方法が提案されています．たとえば，移動時に表示される視野（FOV）を狭くする方法があります．2章で述べたようにベクションは周辺視の領域の刺激で生じやすいため，映像中の周辺領域を暗くするという手法です（図4.20）．

　いくつかの研究では，VR酔いを軽減するためのガイドラインが示されています．

　また，「移動」の表現を変える方法も提案されています．ある地点から別の地点まで移動する際に，ワープさせる方法です．**テレポート移動**（teleportation）とも呼ばれます．テレポート移動では，コントローラから直線や放物線を描くレイを飛ばし，そのレイが床に当たった地点に移動します（図4.21）．ジョイスティックでの移動や実際に歩いて移動する際には，移動によりオプティカルフローが生じますが，一瞬で切り替わることでオプティカルフローが生じることがないため，ベクションが生じにくくなる，というものです．これに加えて場面の遷移時に，視野をぼかしたり，クロスディゾルブのように徐々に切り替えたりする場合もあります．

4.2.3●VR 酔いの定量化

　VR 酔いの程度の定量化はさまざまなものが提案されています．いずれも自覚症状や主観報告などの内観報告を基準としたものです．軽度の酔いの評価では必ずしも嘔吐や吐き気，頭痛などの明確な症状を伴わないこともあり，正しく評価できない場合があります．最近では，主観報告だけでなく，体験者の姿勢の乱れや電気生理学的な信号（たとえば心電図，胃電図や電気抵抗値 SCR）を用いた客観的なアプローチで不快感を推定する試みも進んでいます．

　VR 酔いの評価には Kennedy らによる **SSQ**（simulator sickness questionnaire）がよく用いられます．SSQ はシミュレータ酔いに関する 16 項目の質問で構成され，それぞれを 4 段階の尺度（全くない，あまりない，少しある，かなりある）で回答させます．この評価値に重み付け加算をすることで，全体の傾向を表す TS（total severity）と，下位の指標である「O: Oculomotor（眼球運動）」，「D：Disorientation（方向感覚の失調）」，「N: Nausea（吐き気）」が得られます．ただし，比較的簡便かつ迅速に測定できる FMS（fast motion sickness scale）などの質問票が採用されることもあります．

4.3　身体と環境の相互作用

4.3.1●身体と環境

　人間の身体と環境の接点は**ヒューマンインタフェース**と呼ばれ，両者のインタラクションを支援する理工学的な技術全般を指します．人間は骨格筋を使って環境に働きかけ，感覚器を使って環境からの情報を受け取るという相互作用を行います．その中で，環境側にも入力システムとシミュレーション，そしてディスプレイシステムというループが形成されています（図 4.22）．このループによって，環境を理解するとともに，自己の内部状態を更新することができます．このループのうち，入力システムからディスプレイまでが VR システムに相当します．ここでの環境は，周辺状況だけではなく他者や社会まで含めて考えることもできます．

　人間は環境と相互に作用しているため，身体に変化があったときに環境も同じく変化し得るといった関係にあります．たとえば，地面の上を歩くとき，地面の柔らかさによって人間の歩容は変化します．また，足を踏み込むように歩くと，地面が固くなっていきます．この例では環境が地面ですが，環境が他者や社会の場合でも，同様です．VR システムで「実時間の相互作用性」が要求される理由もこのループが関係し

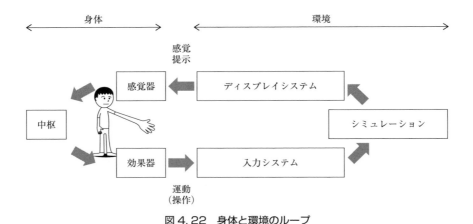

図 4.22　身体と環境のループ

ています.

4.3.2●アバタ群衆の行動誘導

　一部の高速道路では速度が落ちやすい箇所に，設定した速度に合わせて LED ライトが流れるように連続的に点滅させて速度低下の抑制や渋滞中の速度回復を促す路面点滅誘導灯が設置されています．これは周囲の視覚情報に追従するような人間の心理特性を利用しています．ほかにも人は明るいところや暖かいところに集まるといった心理的特性があり，そうした無意識な行動変容に働きかけることも VR では可能と考えられています．VR 技術を使った行動変容では，人間の感覚‐運動系，知覚‐情動系などのいずれかのレベルでどう働きかけるかを設計することが重要となります．たとえば，広範囲の周辺視に模様を動かすとあたかも自分が動いたような自己運動知覚が誘発されます．この模様は実験室実験では点群や縞模様が用いられることが一般的ですが，模様自体に意味をもたせることでさらなる効果が得られることが報告されています．たとえば，われわれは日常生活で歩行するときに周囲の歩行者と相互に影響を受けることが知られています．これは，前方の歩行者に追従するだけというシンプルな経験則からも説明できますが，前方でなくても周囲の歩行者に対しても歩く速度や方向を調整する必要があることで生じていると考えられます．このように自分の周りを動くものの中で，「人間」であることが歩行速度に影響し，少なくとも人間の歩行に見える運動であることが必要であることが明らかになっています（図 4.23）.

4.3.3●パーソナルスペース

　パーソナルスペースとは個人を取り囲む物理的な空間で，他者に侵入されると不

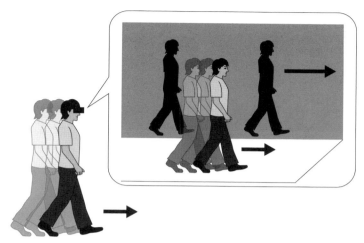

図 4.23　群衆アバタによる歩行速度の制御

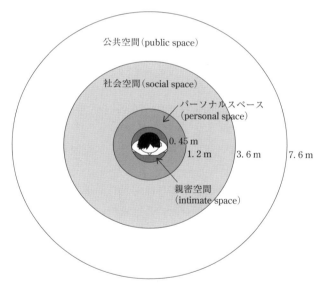

図 4.24　近接学の概念図

快に感じる空間です．心理的な縄張りともいえ，性別や相手との関係，文化や個人の性格によって広さが異なります．Edward Hall 氏は対人距離を四つのゾーンに大別し，同心円として分類する近接学（proxemics）を提唱しています（図 4.24）．VR 空間においてもパーソナルスペースが存在しますが，アバタどうしが衝突せずに貫通するような状況ではアバタそのものが重なることも多く，自身のパーソナルスペースへの侵入がしばしば生じます．また，他者のアバタの手が自分のアバタを触ったり，なで

149

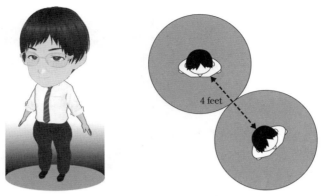

図4.25　個人境界線の例

たりということが自由にできます.

　こうした問題に対して，Meta社のHorizonでは自分と他者のアバタ間に境界線を設定できるようにしました（図4.25）. これは**個人境界線**（personal boundary）や**セーフティバブル**（safety bubble）と呼ばれ，Horizonでは半径は2 feet（0.6 m）と設定されました. 自分のアバタが他者の境界線に入ろうとすると，システムに制御されてそれ以上前進することができなくなります. このように個人境界線の設定により距離を保つことで各アバタの過度な接近や望まない交流を防ぎます. また，アバタの手が他者の個人境界線を越えて中に入った場合に，その手を表示させないようにするという設定もできます. 一方で，他者のアバタとのハイタッチやグータッチといった接触コミュニケーションをしたいとき，また，セルフィーの撮影のようにパーソナルスペース内に侵入して接近したいときは個人境界線の機能を無効にする必要があります. 機能のオン・オフはユーザがその都度自由に切り替えることができます.

4.3.4●身体近傍空間

　われわれの身体を取り囲む空間は，他者との物理的あるいは社会的な相互作用が直接行われる空間であり，日々の生活において特に重要な領域です. この空間は**身体近傍空間**（peripersonal space）と呼ばれています. この領域では身体から離れた領域とは異なる神経生理機構および知覚的機能が存在することが数多く報告されています. 代表的な例は，熊手を使ったニホンザルの頭頂葉のニューロン受容野の変化を調べた実験です. ニホンザルに熊手を使って遠方の餌を取る訓練を2週間ほど行わせます. このとき，サルの手への視覚刺激にも触覚刺激にも反応する特殊なニューロン（バイモーダルニューロン）の受容野を計測したところ，その視覚受容野が道具に沿って延長しました（図4.26）. これはサルが道具を使うときにはその先端まで自分

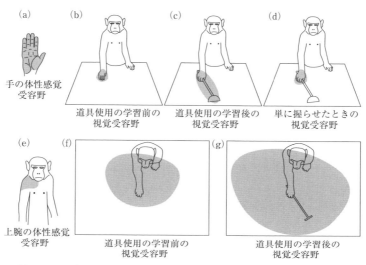

図 4.26　熊手が身体と同化して拡張する（Maravita&Iriki, 2004）

の体のように認識していることを示唆しています．また，単に道具を握っているだけでは，バイモーダルニューロンの視覚受容野が道具に沿って延長することはないことも示されています．

　人間においてもこの身体近傍空間は外部環境とのインタラクション，身体表象を作り出す多感覚入力や身体の状態の変化によって可塑的に変化することが報告されています．身体近傍空間の大きさを推定する方法の一つとして，反応時間を計測する手法が提案されています．たとえば，身体に接近するような音刺激が身体近傍空間の内側にあるときは外側にあるときより身体表面に提示された刺激への反応時間が短くなることが知られています．この接近音の位置に応じた反応時間の変化から，身体近傍空間の境界を推定することができます．また，静止立位時よりもトレッドミル上を歩行するときのほうが身体近傍空間の境界が進行方向に拡張されることも報告されています．

4.4　体験する姿勢と状態の効果

　メタバースや VR は広大な空間を自由に移動し，さまざまな体験が可能な技術です．VR 空間を移動する方法は，コントローラを使って自身のアバタを移動させる方法と，**ルームスケール VR** と呼ばれる物理空間での移動量をそのまま VR 空間での移動量と対応させる方法があります．VR 空間ではコンピュータのメモリが許す限りの広さの空間をシミュレーションすることができますが，その中を歩くために同じ広さの施

設が必要となると，利用場所が極めて限定されます．そのため，ルームスケールVRにおいては，物理世界でVRを利用できる広さ（多くの場合は部屋の広さ）がVR空間の広さと比較してはるかに狭小です．

　この物理世界で使用できる空間の広さとVR空間の広さの違いを補正する手法としては，歩いた分だけ元の場所に戻すトレッドミルなどを使う方法や，物理世界とVR空間の移動量や移動方向の対応関係を変化させるリダイレクテッドウォーキングも有効です．これらを使えば，有限の物理空間の中で広大なVR空間を無限に歩き回ることができます．

4.4.1●ロケーションVR

　HMDを用いた映像表現だけでなく，モーションチェアなどのライドマシンに乗り，振動や触感などから体全体で感じることができるシステムは**ロケーションVR**，もしくは**ロケーションベースVR**と呼ばれます．ロケーションVRの多くはアトラクション施設の中に組み込まれており，体験者はHMDの装着に加えて，ノートブックPCを背負い，両手両足にはトラッキングデバイスを装着するのが一般的です．また，ライドマシンと組み合わせるものでは光学シースルー型のHMDを使う例もあります．場所が限られたアトラクション施設などでは，すり鉢状の台などのロコモーションインタフェースがよく用いられます（2章参照）．

4.4.2●リダイレクテッドウォーキング

　リダイレクテッドウォーキング（redirected walking）は物理スペースよりも広いVR空間を歩行できる技術です．実際は半径22 mの円周上を歩いていても，直進している映像をHMDで見ながら歩くと，まっすぐ進んでいるように感じるという報告があります．このようにして，実空間では直進していてもVR空間では曲率のある経路を歩行するように表現したり，逆に実空間では曲がって歩いていてもVRを直進では直進して歩かせるように表現したりすることができます（図4.27）．また，南カリフォルニア大学MxR LabではUnity向けのツールキット「The Redirected Walking Toolkit」をオープンソースで公開しています．

　リダイレクテッドウォーキングに触覚の情報を組み合わせることで，より狭い範囲でも歩行経路を気づかせずに修正することができます（図4.28）．たとえば，物理世界では曲がった壁に触れながら円弧状に歩いているときに，HMDから平面の壁に触れながら歩く映像を表示すると，平面の壁に触れながら直進している錯覚を生じさせることができ，より短い半径の円周でも気づきにくくなります．

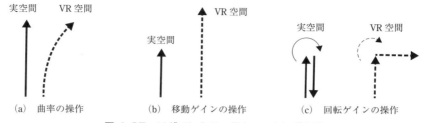

(a) 曲率の操作   (b) 移動ゲインの操作   (c) 回転ゲインの操作

図 4.27　リダイレクテッドウォーキングの例

図 4.28　視触覚の手がかりを使ったリダイレクテッドウォーキング

4.4.3 ● 擬似歩行感覚

　VR 体験は立位姿勢で歩き回るだけでなく，着座姿勢で行われることも一般的です．着座姿勢ではコントローラやキーボードの入力を VR 空間の移動量に対応させます．そのため，歩行している感覚は得られにくく，酔いが生じやすいという問題がありました．

　物理世界での歩行では，脳が筋へ運動指令を送ります．運動指令の出ない着座姿勢で，あたかも歩いているような感覚を作り出すには，歩行したときに得られる触覚や自己受容感覚，温度感覚などの多感覚のフィードバックが果たす役割が大きくなります．物理世界を実際に歩行するときの頭部の上下方向の変位量は約 50 mm ですが，着座しているユーザを上下方向に変位させたとき，主観報告で高い歩行感が得られた変位量の振幅は約 10 mm と報告されており，受動的な座位姿勢では実際の歩行の 1/4 以下の上下変位量で十分であることを示唆しています．この理由として，自己運動に対する遠心性コピーの欠如によって，感覚抑制が生じないことが原因であると考えられます．このように単なる記録再生に基づいた忠実な表現だけでなく，複数の感覚情報を適切にバランス調整するような編集作業も必要といえます．

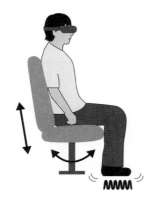

図4.29　擬似歩行感覚のための刺激

　上下方向の揺動だけでなく，足底への振動刺激による歩行感覚の生起についても研究が行われています（図4.29）．新生児の脇を抱えて足の裏を地面につけると，原始歩行と呼ばれる，歩くような脚運動が発現することが知られています．このように足底からの触覚情報と歩行運動との間には密接な関係があり，歩行周期と同期するように足底に振動刺激を提示することで，擬似的な歩行感覚が生じると考えられます．ただし，この擬似的な歩行感覚は実際の歩行時に得られる歩行感覚とは異なるものです．擬似的な歩行感覚が生じると，VR酔いの評定値が低くなる，つまり酔いにくくなるという報告もあり，酔いの低減に利用できる可能性があります．

4.4.4●ノーモーションVR

　ベッドや椅子の上で動くことなくVR空間を移動している感覚を作る研究も行われています．このような技術は，**ノーモーションVR**（no motion VRやmotion-less VR）と呼ばれます．これらの技術では，たとえば身体を固定あるいは拘束した状態で，筋電センサやトルクセンサを身体に取り付けます．これらのセンサによって筋収縮や関節トルクを検出し，運動の意図を推定します．身体が固定されていなかったときに生じたはずの固有感覚の変化を，アバタの身体の動きに対応させてHMDで見せるというものです．腕や指が実際には動いていなくてもアバタの腕や指を動かす手法に利用することができます（図4.30）．市販のVRデバイスでもVRコントローラのトリガを引くとバーチャルハンドの示指が曲がるような表現となりますが，このトリガが動かない場合でも圧力センサなどを使ってアバタの指を曲げることができます．

　また，前項で述べたモーションチェアや足裏の振動刺激を利用して，椅子に座りながらあたかも歩行しているかのような感覚を作り出す研究もノーモーションVRの一つです．モーションチェアは全身を揺さぶることで加速度を表現し，足裏の刺激は歩

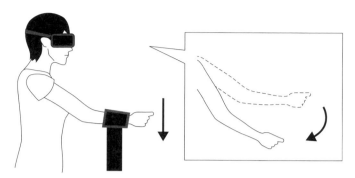

図4.30　身体を固定した状態での，力トルク入力によるアバタの動きの生成

行に伴って地面から受ける衝撃のような触覚を表現します．

　ノーモーション VR の究極系は寝たきりのままでも利用できる，フルダイブ型の VR となります．6章で述べるように脳との間のインタフェース（BMI）を用いることが実現方法として考えられます．

　ノーモーション VR は，歩行ができないユーザも利用できる利点があります．しかしながら，現状では実際に部屋の中を歩行するルームスケール VR と比較すると自然さや臨場感は劣っているため，今後の研究のさらなる発展が期待されています．

参考文献

- Gallagher, S.：'Philosophical conceptions of the self: Implications for cognitive science', in Trends in Cognitive Sciences vol.4, No1, pp.14-21（2000）
- Konstantina Kilteni, Antonella Maselli, Konrad P. Kording, Mel Slater：Over my fake body: body ownership illusions for studying the multisensory basis of own-body perception. Frontiers in Human Neuroscience, Vol.9. pp.141（2015）
- M.Botvinick, J.Cohen :Rubber hands 'feel 'touch that eyes see, Nature, Vol. 391, No. 6669, pp. 756（1998）
- Tsakiris M, Haggard P.：The rubber hand illusion revisited: visuotactile integration and self-attribution. J Exp Psychol Hum Percept Perform. 2005 Feb;31（1）:80-91. doi: 10.1037/0096-1523.31.1.80. PMID: 15709864.
- Tomohiro Amemiya, Michiteru Kitazaki, Yasushi Ikei："Pseudo-sensation of walking generated by passive whole-body motions in heave and yaw directions", IEEE Transactions on Haptics, Vol. 13, No. 1, pp. 80-86, Jan.-Mar.（2020）
- Tomohiro Amemiya, Yasushi Ikei, Michiteru Kitazaki："Remapping Peripersonal Space by Using Foot-Sole Vibrations Without Any Body Movement", Psychological Science, Vol. 30, No. 10, pp. 1522–1532, Oct.（2019）
- 谷崎充，松本啓吾，鳴海拓志，葛岡英明，雨宮智浩："並走するバーチャルアバタの形態と運動によって生じる歩行速度変調"，日本バーチャルリアリティ学会論文誌，Vol. 26, No.3, pp.208-218, Sep（2021）
- Paillard, J.: Vectorial versus configural encoding of body space, In: Preester, H. D. and Knochaert, V.（Eds）: Body Image and Body Schema, 89-109, Amsterdam: John Benjamins（2005）

- Blanke et al. : Stimulating own-body perceptions. Nature, 419, 269-270 (2002)
- Lenggenhager, et al. : Video ergo sum: manipulating bodily self-consciousness, Science (2007)
- Ehrsson : The experimental induction of out-of-body experiences, Science (2007)
- Banakou, D. & Slater, M. : Body Ownership Causes Illusory Self-Attribution of Speaking and Influences Subsequent Real Speaking. PNAS 111, 17678–17683 (2014)
- Yee, N., & Bailenson, J. : The Proteus effect: The effect of transformed self-representation on behavior. Human communication research, 33(3), 271-290 (2007)
- M.V. Sanchez-Vives, B. Spanlang, A. Frisoli, M. Bergamasco, and M. Slater : "Virtual hand illusion induced by visuomotor correlations", PLOS ONE, vol.5, no.4, e10381, April (2010)
- Patrick Haggard : Sense of agency in the human brain. Nat Rev Neurosci 18, 196-207 (2017)
- Edward T., Hall : The Hidden Dimension, Doubleday&Company,Inc. (1996)
- Maravita, A. and A. Iriki, A. : Tools for the body (schema), Trends Cogn.Sci., 8 (2), pp.79-86 (2004)
- Keigo Matsumoto, Yuki Ban, Takuji Narumi, Tomohiro Tanikawa, and Michitaka Hirose : Curvature manipulation techniques in redirection using haptic cues; in Proc. IEEE Symposium on 3D User Interfaces, 105-108 (2016)
- D. Banakou, P. D. Hanumanthu, and M. Slater : Virtual embodiment of white people in a black virtual body leads to a sustained reduction in their implicit racial bias. Frontiers in Human Neuroscience, 10: 601 (2016)
- Andrea Stevenson Won, Jeremy Bailenson, Jimmy Lee, and Jaron Lanier : Homuncular flexibility in virtual reality. J. Comput. Mediat. Commun., 20 (3), 241-259, (2015)
- Petkova, Valeria & Ehrsson, H. Henrik : If I Were You: Perceptual Illusion of Body Swapping. PloS ONE 3 (12): e3832 (2008)
- Banks, J., & Bowman, N. D. : Avatars are (sometimes) people too: Linguistic indicators of parasocial and social ties in player-avatar relationships. New Media & Society, 18 (7), 1257-1276 (2016)

5章

メタバース/VR を使った産業応用

　メタバースはアバタを通じて，さまざまなユーザが身体や場所の制約を超えてコミュニケーション，そしてコラボレーションできる場となります．そのため，交流の場としてだけでなく，社会活動全般がそこで行われ，経済活動が生まれます．メタバースはさまざまな産業応用が試みられ，エンターテイメントやバーチャルショッピング，さらに教育や訓練の分野での活用に期待が集まっています．メタバースが適した産業分野はどこなのかを事例をもとに整理し，既存のオンラインサービスなどと比較して何が優れていて，何が不足しているのかについて概説します．

5.1　メタバースの産業応用

5.1.1●産業応用に関する全体像

　メタバースの産業応用は多岐に渡ります．全体像を図5.1に示します．この図の縦軸はミラーワールドとファンタジーを両端にもつ物理世界の忠実度で，横軸はヒトが中心か，モノが中心かの軸となっています．なお，教育分野はほぼすべてに該当するため，この図には含めていません．

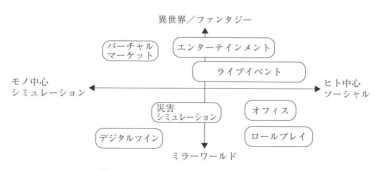

図5.1　メタバースの産業応用の概要

　物理世界の産業をそのままサイバー空間で行うような応用だけではなく，メタバースや VR ではじめて生み出せる応用があります．COVID-19 禍では前者のような，代替としての産業応用の取組みが増加しました．しかし，単なる代替では，物理世界での体験を超えることはないので，ほとんどの場合定着しません．それに対して，後者のようなメタバースをうまく利用して，補完，拡張，そして創出するような分野に注目が集まっています．

5.1.2●コミュニケーションメディア

　古代ギリシャの哲学者アリストテレスは，人間は社会的な動物であるという言葉を残したといわれています．他者との交流こそが，人間を人間たらしめているともいえます．元々は，音声の届く範囲で行われていたコミュニケーションが，情報通信技術の進化によって，狼煙，手紙，電話，メール，テキストチャット，テレビ会議のように遠隔地にいる人とのコミュニケーションを発展させてきました．メタバースもコミュニケーションメディアの一つと考えられます．コミュニケーションメディアは同期型と非同期型という観点から分類が可能です（図5.2）．

　同期型コミュニケーションは，発信者が受信者にコミュニケーションがとれているかを確認しながらリアルタイムに会話や意思疎通が実現できる方式です．電話による通話や，テレビ会議システムはその代表例です．同期的な双方向コミュニケーションの中でも，電話のように送信と受信が同時に行える**全二重通信**（full duplex）や，トランシーバのように交互に送信と受信を行う**半二重通信**（half duplex）があります．

　非同期型コミュニケーションは，発信者が受信者とコミュニケーションがとれているかを確認せずに一方的に情報を伝えていく方式です．Slack のようなテキストチャットや電子メール，掲示板などがその代表例です．非同期型は蓄積型とも呼ばれるように即時の返信を求められることはなく，時間に縛られないことが特徴です．ただし，非同期型コミュニケーションのメディアであっても，同期的なコミュニケーショ

図5.2　同期型・非同期型コミュニケーションの分類

ンのように使うこともできます．たとえば，テキストチャットでリアルタイムに即座に返信する，いわゆる即レスによって会話のように使うこともできます．

　ソーシャル VR やメタバースにおけるコミュニケーションは原則，同期型になります．ただし，他者とのコミュニケーションを伴わないで利用できるコンテンツ（図5.1のモノ中心／シミュレーション寄り）であれば非同期型となることもあります．たとえば，博物館のデジタルアーカイブや，建物の構造を一人で見るような場合が該当します．

　また，双方向ではなく，単方向の情報発信では，15世紀のグーテンベルクによる活版印刷に始まり，新聞や書籍などの印刷メディア，ラジオ放送，テレビ放送などの電波を使ったメディアが発展してきました．さらに，デジタル化やインターネットの登場により，Web サイト，インターネット掲示板（BBS），ブログ，そして SNS が登場してきました．SNS では短い文章から画像，動画などのさまざまなコンテンツが投稿され，UGC が定着してきました．限られた人，企業のみが遠隔地にいる人に情報を単方向で伝えるという時代から，発信者がパーソナル化し，個人がオウンドメディアをもつ時代へと変化しています．ソーシャル VR やメタバースも，その空間やイベント自体がコンテンツ化しているため，情報発信メディアとしての役割をますます担うようになるでしょう．

5.2 教 育 訓 練

　メタバースの応用分野として最も有望視されているものの一つが教育や訓練です．メタバースを活用することで，物理世界では不可能だったり，費用的に難しかったりといった授業も可能になります．また，さまざまな事情で学習の機会が制限されている学生に対して，メタバースは新しい学びの場を提供できます．

　メタバースを使った教育応用は，前節のコミュニケーションメディアの分類と同様に，同期と非同期の観点から図5.3のように分類できます．いわゆる座学の授業から，体験型の演習・実習までさまざまな形式でメタバースを活用することができます．アバタを使った講義だけでなく，ロールプレイングによる他者理解や技能習得も特徴的な応用例です．

5.2.1●アバタを活用した授業

　2020年からの COVID-19 の世界的流行により，生活の中にオンライン化が浸透しました．遠隔 Web 会議システムを使った打合せや授業は，対面を代替するものとして，広くインフラ化しました．一方で，さまざまな理由で顔を画面に出したくない参

図5.3　メタバース授業における同期型と非同期型の分類

図5.4　Mozilla Hubs での授業の様子

加者はビデオカメラをオフにすることが多く，コミュニケーションの活性化において
課題となっています．そこで，4章で紹介した VTuber のようにアバタやキャラクタ
ーを用いることで，顔映像の配信により生まれる恥ずかしさや遠慮を排除できれば，
議論やコミュニケーションを活性化させることができます．また，物理世界での授業
では全く喋らない学生が，アバタをまとうことで饒舌になったという報告もあります．
図5.4は2020年度に東京大学の大学院生向けの講義を Mozilla Hubs で実施したと
きのもので，受講生はアバタで聴講しました．ここでは，スライドを用いた講義と全
天周動画のプレイヤの視聴といったコンテンツがシーンに含まれました．当時は標準
で1ルームあたり上限25名程度が目安であったため，全受講生が参加できるように
インスタンスを四つ複製し，さらに Zoom にも画面共有するハイブリッド形式で実施

図 5.5　VRChat での授業の様子

されました．2021 年度では，Unity で階段教室を作成し，VRChat で VR 講義を実施しました．講師はフォトリアルな本人のアバタとして登壇し，受講生も自作のアバタなど好きなアバタで参加しました．HMD を装着していても自分の様子がわかるように頭上に大きな鏡が設置された教室を制作し，授業の進行状況や受講生からの見えが確認できるような工夫がされています（図 5.5）．

　アバタが使えるのは，メタバースのサービスに限りません．Zoom など既存の遠隔 Web 会議システムの中には，顔映像をアバタに切り替える機能が標準で搭載されているものもあります．そこで，講師の顔映像のアバタを織田信長に変えて歴史の授業を行うなど，コンテンツとアバタをうまく組み合わせることや，講師アバタの見た目を優しくしたり，厳しくしたりすることで授業への積極的な参加の姿勢に変化が見られるかを調査することは，アバタ技術を使った講義の有効性を考えるうえで重要な視点です．4 章で紹介した講師映像をディープフェイク技術で他人の顔にすり替えて実施した授業では，講師の「顔」に応じて授業中の発言数，さらにいえば積極性に影響が出ることがわかりました．

　東京大学工学部では 2022 年 9 月にメタバース工学部が開講されました．主に工学分野について学ぶ講座からなる教育プロジェクトで，一部の講座ではメタバースに関する講義も実施されています．メタバースを作る人をつくる（養成する）講義も行われています．

　他にも教育機関での講義としては，角川ドワンゴ学園が運営する N 高等学校や S 高等学校でも 2021 年度から学生が主に VirtualCast というプラットフォーム上でアバタを操作して授業を受けています．米国スタンフォード大学では 2021 年から講義「Virtual People」が Engage という VR 教育プラットフォーム内で行われ，HMD を使

（a）　　　　　　　　　　　　　　　（b）

図5.6　東京大学工学部 143 室の（a）デジタルツインと（b）実際の部屋

って人種的不平等の疑似体験やディスカッションが実施されています．香港科技大学は Hubs をベースとしたメタバースのキャンパス「MetaHKUST」を 2022 年に立ち上げました．また，国内ではソーシャル VR の有志が運営するコミュニティによって，私立 VRC 学園やバーチャル学会，VRC 理系集会などの勉強会や学術講演会が定期的に実施されています．

　座学の授業であれば，遠隔 Web 会議システムでもスライド共有などが問題なくできるため，メタバースを使う必然性はありません．しかし，受講生との交流やディスカッションのような場では，より豊かなコミュニケーションを実現するためのアバタ身体性と，各受講生がアバタとなって自由に動き回って他の受講生と交流できる空間性に長けたメタバースを使わない手はありません．実際にメタバースで授業を行うと，授業が終わってから質問に来てくれます．また，大学の教室のミラーワールドで授業を行うことで，対面時とメタバース時の統一感を生み出すこともできます（図5.6）．

5.2.2●ロールプレイング型教育

　シミュレーションの活用も VR の特徴です．物理シミュレーションや化学実験などでは設備や化学物質などが不要となり，低コストで導入できることや危険性がないことが長所になります．さらに，さまざまな失敗体験のシミュレーションも提供できます．失敗体験は教育において重要ですが，VR では自己の安全性が確保されるため，直接的に危害を被ることがありません．そのため，こうした安全の傘のもとでいかに緊張感を与え，有効な訓練となり得るかは大きな課題になります．VR を用いた疑似体験は対面の「代替」ではなく，対面に向けた準備の場，経験を積む場と考えるのが適当です．

　シミュレーションを教育や訓練に適用させたシミュレータやトレーニングシステム

図5.7　VR 消防訓練のイメージ（横浜市消防局ほか）

は長い歴史をもっています．パイロットのための飛行機の操縦シミュレータでは，航空操縦士の免許更新時に飛行訓練時間にフライトシミュレータの訓練時間を算入できる企業もあります．また，自動車運転免許の教習所における高速道路の運転シミュレータは現在，多くの場所で利用され，生活に深く浸透しています．教科書やマニュアルを読んでもなかなか実感がわかないことを，事前に VR で訓練しておくことで，実際に現場に出たときに慌てることなく柔軟な判断をすることができるようになるといった用途での利用が期待されます．医師やパイロットなどの高度な技術を有する職種においては，体験を伴う訓練が不可欠なものと位置付けられてきましたが，訓練には大変なコストがかかります．そこに VR システムを使うことでこのコストを大幅に削減することが期待され，導入されてきました．近年では，VR 機器が一般化したことで，さまざまな職種に広がりを見せています．たとえば，消防士の訓練やサービス業の窓口対応などへの活用が検討されています．OJT（on the job training）のような現場の体験に加えて，エッセンスを抽出した純粋な教育項目だけを含む「理想的な体験」を疑似体験することも可能です．

（1）消防士の技能訓練

　全国的に知識や経験を積んだベテラン消防隊員が減少する一方で，火災件数は毎年6〜8% 程度の減少傾向にあり，若手の消防隊員が火災現場で経験を積むことが難しくなってきています．こうした問題に対して，VR 技術は，限りなく実際の現場に近い環境下で経験値を積むことを助け，事故防止や消防活動の質の向上につながると期待されています（図5.7）．

（2）接客業

　対人接客では，言葉遣いや態度，さらに適切な表情や所作といった，多面的で高度なスキルが求められます．そのため，対人接客の訓練は専門の講師によって厳しく指導されるのが一般的です．接客業に限らず，接遇マナーの教育を社員研修として実施する民間企業も少なくありません．

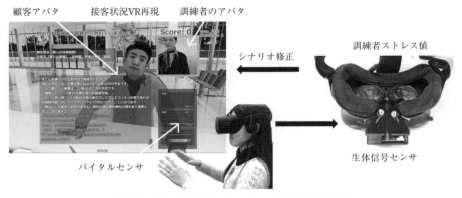

顧客アバタ　　接客状況VR再現　　訓練者のアバタ

訓練者ストレス値

シナリオ修正

バイタルセンサ

生体信号センサ

図5.8　サービス VR シミュレータのシステム概要

　VR システムによる対人接客のトレーニングでは，こうした言葉遣いや態度，表情や所作などを音声認識や各種センサなどで検出し，語彙の選択や発話タイミングなどの精度や正確さを定量的に評価することができます．音声認識の精度は90% 以上でそれなりに利用できる水準に達しているものの，話題を限定しないオープンドメインの対話システムの構築は大変難しく，特に複数ターンにわたるやりとりを実現することは容易ではありません．そのため，現実的な実装としては，あるシナリオに沿ってその中の状態を遷移するという利用方法が考えられます．

　また，3章で紹介したさまざまな生体情報センサを活用して，訓練者のストレスを推定することもできます．HMD が訓練者の顔に常に密着することを利用して，接触部分に脈拍センサや体温センサ，二酸化炭素濃度センサを組み込めば，さまざまな生体情報を取得することが可能です．得られた心拍変動や呼気の二酸化炭素濃度からストレス値を推定することができます（図5.8）．推定されたストレスをもとにシナリオを変えたり，タスクの難易度を変えたりすることもできます．

　さらに，訓練者の内的状態に対しても働きかけを行うことができます．たとえば，自身の声の聞こえや自分の身振り手振りを適切にコントロールすることで，メンタルを良好な状態に保つことができます．人間は緊張すると心臓の鼓動が早くなり，声が震え，表情が強ばります．こうした無意識の身体反応に気づくことで，さらに緊張状態が促進されることがあります．「怖いから震える」のか「震えるから怖い」のかは抹消起源説，中枢起源説，情動二要因理論などで説明が試みられています．本来は緊張が先で，生体反応が後になりますが，これがフィードバックループを形成して発振するように緊張が進んでしまいます．VR システムで，この生体反応の偽情報を訓練者にフィードバックすることで過度な緊張を防ぐことを目指しています．緊張していないときの心拍数や，震えのない音声をフィードバックさせることで，元々不随意で

あるはずの生体反応を上書きします．そうすることで，落ち着いて行動が取れたり，落ち込んだ気分を盛り上げたりすることで本来のパフォーマンスを取り戻すことができると期待されます．

5.2.3●野外学習

　広島が一瞬にして焼け野原になった原子爆弾の投下から復興に至るまでを現地のガイドと巡る「PEACE PARK TOUR VR」は，広島市の平和記念公園で体験できる VR ツアーで，2021 年 8 月から実施されています（図 5.9）．現地で VR コンテンツを HMD で見る体験は AR のようですが，ゴーグルをかけると 1945 年の広島の様子が見え，ゴーグルを外すと現在の広島が見えるという時間方向の VR コンテンツとなります（図 5.10）．高齢化する「語り部」に代わってアバタが説明するほか，他者の体験を自分のこととして捉える工夫が詰まった教育コンテンツです．

　歴史的に意味のある場所に行き，その意義を感じることは世界中のさまざまな観光地で行われてきましたが，そこに時間を超えた体験を付与し，記憶として現実に持ち帰ることを可能にすることはメタバース固有の体験といえます．

図 5.9　広島平和記念公園での PEACE PARK TOUR VR

図 5.10　写真と CG で再現された 1945 年の広島の様子（PEACE PAPK TOUR VR）

5.2.4●医　　学

（1）医療

　医学分野では，まれな疾患や難しい手術に対して外科医の意思決定を支援する目的でVRやARを用いたナビゲーションシステムに関する研究開発が行われてきました．最近では，外科医がCGモデルを見ながら手術のシミュレーションや計画，術中の判断を支援できるようになりました．この背景には，CTやMRIなどの医用画像データの精度が高まり，精緻な臓器や血管のCGモデルを医療従事者が簡単に作成できるようになったことが挙げられます．また，VRを用いた疼痛緩和やリラクゼーション，心的外傷後ストレス障害（PTSD）などの精神神経疾患への認知行動療法は欧米では盛んに行われています．患者の痛みや不安を緩和する方法として，VRで気をそらす**VR distraction**という治療方法が採用されています．VRコンテンツを視聴することで，痛みから注意をそらしたり，呼吸を整えたりできます．

　他にも摂食障害や，VR上の手術室で複数の医師による共同トレーニングを可能にし，その中で手術の知識や効率，精度を評価するシステムも開発されています．たとえば，「Osso VR」は，新たな医療機材が導入されるサイクルに医師たちが順応できるよう，医師や研修医がVR内でリスクのない手術トレーニングを繰り返すことでスピーディな習得が行えるシステムです（図5.11）．外科医の手術パフォーマンスを向上できるシステムとして医療教育を中心に活用が期待されています．

　超高齢社会の日本において，地方部では遠隔医療，都市部では独居高齢者の増加により在宅医療のニーズが高まっています．現状，訪問できる医療従事者数には限りがあるため，遠隔Web会議システムやテレビ電話などを用いた医療サービスの提供が行われてきています．今後，VRやメタバースの技術によって医療従事者が患者や家

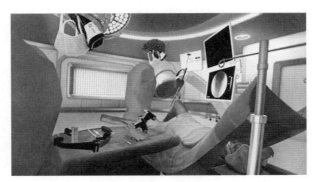

図5.11　VR外科手術トレーニング（Osso VR）
（https://www.ossovr.com/）

図5.12 拍動する心臓モデルを使ったVR学習（Lucile
Packard Children's Hospital Stanford）

族とのコミュニケーションを向上させ，治療や介護の方針を話し合いながら決定する
シェアードディシジョンメーキング（shared decision-making in medicine）の実現
に役立つことが期待されています．

（2）医学教育

　医学教育へのVRの応用は，解剖学教育で盛んに行われています．骨と筋肉の構造，
脳や心臓などの内臓の理解のためにVR空間にCGの人体モデルを作成し，それを観
察する方法がとられています（図5.12）．AR技術（光学シースルーHMD）を用い
て，複数の学生がCGで作成した同じ臓器モデルを見ながら講義を受けることも可能
です．さらに物理世界の人体模型に臓器のCGモデルを重畳表示させて，拍動する心
臓や血液の流れなどを表示するような学習も可能となります．

　また，VR空間に外来診察室や手術室を作成し，その中で手術機具の操作方法を体
験するような体験型学習ができるようになってきています．このような体験型学習に
は，2章で紹介した力覚の提示装置も活用されています．

　看護教育では患者の視点を体験するために，患者の目線から全天周カメラで撮影し
た動画を使って看護の質を向上させる試みが行われています．メタバースやVR/AR
を用いた体験型教育は医学教育や看護教育において，実習の前段階や実習後の振り返
り学習に利用されるようになると考えられます．

5.3 デジタルツイン

　メタバースには物理世界を手本としたワールドと，空想から生まれたワールドが混
在しています．このワールドが物理世界と同じ物理法則によって支配されるのか，あ

るいはユーザは物理世界の人間の機能に制限されるのかはサービス提供者やワールド管理者によって設定が変わります．物理世界を忠実に再現することを目的としたものに，1章で紹介したデジタルツイン（digital twin）があります．

　デジタルツインは，物理世界の事象を数式で記述した数理モデルがデジタル世界の中で連動し，物理世界の情報をセンサなどで取得し，リアルタイムに処理できる，という条件を満たしたデジタル空間，あるいはサイバー空間と定義されます．このとき，デジタル化された世界が物理世界の鏡像のようであることから**ミラーワールド**とも呼ばれます．デジタルツインでは，物理世界のリアルタイムの情報をデジタル世界に取り込んで，シミュレーションを行うことで，将来の物理世界の変化に備えることができます（図5.13）．物理世界の事象を使ってリアルタイムに処理が行われることと，物理世界が忠実に再現されたサイバー世界を使うことで予測の精度を高めることが特徴となります．

　日本では世界的に見ても地震や洪水などの自然災害が多いため，全国で測量データが充実していることや，国土交通省が主導する3D都市モデルがあり，こうした自然災害の対策のための取組みが盛んに行われています．また，工場のように企業単位や建物単位でシミュレーションを行う取組みも進んでいます．

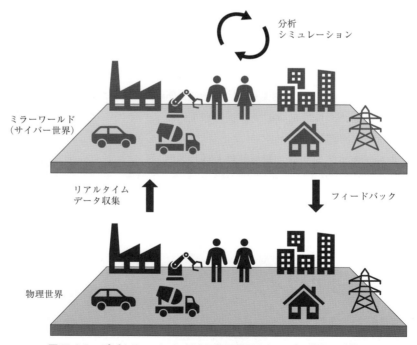

図5.13　デジタルツインにおける物理世界とサイバー世界の連携

5.3.1●デジタルエンジニアリング

　デジタルツインが最も適している産業分野は製造業の工場です．特に自社の工場で
あれば，センサの設置やデータの取扱に導入障壁が少ないこともあり，2000年代頃
からIoT技術を用いたDX化が進んでいます．工場では人に代わって産業用ロボット
が生産ラインに入る場面が増え，こうした生産ラインでの産業ロボットの配置のシミ
ュレーションや作業効率の検証と最適化のためにデジタルツインが導入されています
（図5.14）.

　組立て作業では部品の三次元データを用いて，部品どうしの干渉の有無をチェック
しています．CADシステムを使う前は**モックアップ**（mock-up）と呼ばれる試作品
を実際に作っていたことから，三次元データやCADの設計図面から**デジタルモック
アップ**（DMU）を作成し，それをデジタル空間上で動作させ，どのように動くか
をシミュレーションで確認するようになりました.

　さらにVRシステムを使って，製品の組立て状態だけでなく，工場の作業環境まで
をも再現し，HMDを装着した作業者が，あたかも工場で実際の部品を組み立てるよ
うな作業のシミュレーションを行っています．こうしたシミュレーションによって，
作業者にとって部品が見やすいか，手が届くか，作業の姿勢は問題ないかなどを確認
できるようになります．また，何万点もの部品を組み付けるような自動車やOA機器
の場合には，産業用ロボットと協調して作業することや，複数の人が連携して組み付
けることもあります．このような協調作業ではデジタルツインを活用したシミュレー

（a）シミュレータ　　　　　　　　　　（b）製造業現場

図5.14　製造業ラインのメタバースでの検証（Siemens, NVIDIA）

ションを事前に行うことは重要です.

　このように三次元データを活用して製品設計や製造工程をシミュレーションする技術は**デジタルエンジニアリング**と呼ばれ,デジタルツインの概念が誕生する前から幅広く利用されています.デジタルエンジニアリングには CAD を使った設計に加えて,**CAM**（computer aided manufacturing）や 3D プリンタによる試作,**CAE**（computer aided engineering）による解析といった技術を含んでいます.

　メタバースでは,デジタルツインのような利用方法だけではなく,異なる視点やインタラクションを通じて工場内の様子を理解させることができます.たとえば,工場の配管の中に入って流量や流路を疑似体験することは物理世界では不可能です.ほかにもクリーンルームの中に気軽に入れることもメタバースならではといえます.

5.3.2●建物モデルと都市モデル

　建造物の 3D モデルは,建物自体の構造を見るような用途で用いられます.たとえば,住宅展示場のモデルハウスやマンションのモデルルームの内見などに利用することができます.また,昼夜や天気などを切り替えるシミュレーションなどを行えば,さまざまな状況にある建物の様子を見ることができます.これらは 3D オブジェクトがあれば成立しますが,その場所をユーザの活動空間として用いることもできます.その建物を生活の場とするユーザをシミュレーションに組み込めば,騒音や混雑の様子などを確認することもできます.

　建築物は **BIM**（building information modeling）と呼ばれるフォーマットで,維持管理を行っています.実際に建物を建設する前に,コンピュータ上に現実と同じ建物の立体モデル（BIM モデル）を構築することで,建築のむだを省くことができます.**BIM モデル**は,建材パーツや設備といったオブジェクトの集合体として構築されています.BIM に登録する建材パーツの寸法などの基本的な情報だけでなく,建物の属性情報や組み立てるための工程や時間も盛り込めることが特徴です.たとえば,建物の壁の場合,従来の CAD データは形状の情報だけを含みますが,BIM データには材質,厚さ,製造メーカなどの属性情報が付加されています（図 5.15）.土木分野で用いられる **CIM**（construction information modeling）と合わせて,**BIM/CIM** と呼ばれることもあります.

　さらに都市レベルに拡張することで,大規模なシミュレーションも実現できるようになります.シミュレーションの性能を十分なものにするには,建築物の統一的なフォーマットや 3D データの精度が一定以上求められます.国土交通省が主導して2020 年から始まった「**Project PLATEAU**」は,日本全国の 3D 都市モデルの整備・オープンデータ化プロジェクトで,こうした要求に適う形で日本の都市モデルの

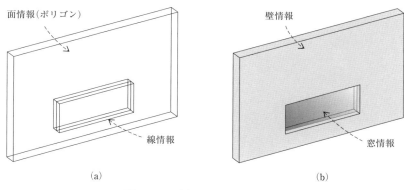

図 5.15 (a) CAD と (b) BIM

図 5.16 都市のオープンデータ PLATEAU (国土交通省)

データの提供を開始しています (図 5.16). Google Earth などの 3D の都市を使ったサービスでは，多くの場合，ジオメトリモデルが使われます. **ジオメトリモデル** では建物の形状をポリゴンで再現しています. そのため，地面と建物あるいは建物間の区別はつきません. それに対して，Project PLATEAU では建物や街路，橋などを定義し，用途や高さといった情報が付与されていることが特徴です. ちょうど上で述べた CAD と BIM のような関係です. 国際的な標準規格として定められている「CityGML」を採用することで，このようなモデルが扱えます (図 5.17). 同様の取組みとしては米国の Open City Model が有名です. 街路などの都市構造が定義されているため，人流シミュレーションなどにも活用がしやすくなります.

　これらの建物や都市のモデルは基本的に表面の色や形といった情報をもっていません. テクスチャデータや点群データなどと組み合わせることで，物理世界のような見た目の 3D モデルが生成できます.

　一方で，形の情報だけでも十分な利用価値があります. 現在の自動運転システムに

(a) (b)

図 5.17　（a）ジオメトリモデルと（b）属性情報を含む統合モデル

図 5.18　3D 都市モデルを使った VPS による車両位置推定

（https://www.mlit.go.jp/plateau/use-case/）

おける自己位置推定には，衛星データや LiDAR などのデータが活用され，一定の成果を上げていますが，LiDAR は高額なため，安価かつ簡易でさまざまな用途で使える自動運転システムの開発も求められています．そこで，3D 都市モデルを活用した **VPS**（visual positioning system）技術が注目されています．VPS は，車載カメラ画像から取得した情報と，3D 都市モデルから生成されるデータの特徴点を照らし合わせることによって，車両の自己位置を推定するシステムです（図 5.18）．VPS は AR システムの情報の重ね合わせにも用いることができます．

5.3.3●デジタルアーカイブ

　デジタルアーカイブは博物館や美術館などにおいて，収蔵品を三次元の情報として保存することで，次の世代に知識や文化などを伝承していく新しい手段として注目されています．立体的な物体であれば 3D スキャナを使って，また表面の質感を高精

図 5.19　国立科学博物館の 3D 表示

細なカメラで撮影してモデルを作成します．オリジナルの文化財を公開することは，必然的に劣化や破損のリスクを抱えることになります．デジタルアーカイブではこの問題を解決するだけでなく，自由な視点で文化財を鑑賞することもできるようになります．

　また，VR 技術を使うと，デジタルで保存された展示物の補足的な説明を，文字で説明するのではなく，さまざまな歴史的背景などの情報と組み合わせて表示できることが挙げられます．展示物が使われていた当時の様子を再現すれば，当時の人と同様の体験が可能になり，文章を読む以上に理解できるようになります．また，展示物に直接触ると破損や劣化が起こりますが，力触覚ディスプレイを使ってデジタルオブジェクトに触ればそういった問題は生じません．

　また，博物館自体を 360 度カメラなどで三次元モデル化し，内部を移動しながら展示物を鑑賞することも可能となっています．国立科学博物館では「かはく VR」という展示室や外観を撮影したコンテンツを配信しています（図 5.19）．1 億点を越える収集物を有する米国のワシントン州にあるスミソニアン博物館でも VR ツアーを配信しています．全天周画像や映像をもとにしたサービスとして，米国の Matterport 社が提供する Matterport は代表例です．Matterport は 360 度カメラで認識した物理空間を，そのままバーチャル上に反映させ 3D モデルを生成できる技術として世界中で活用されています．

5.3.4●地方創生と観光

　東京都渋谷区が公認した「バーチャル渋谷」や兵庫県養父市の「バーチャルやぶ」

図5.20　バーチャル養父市役所

など，地方自治体が中心となってメタバースを活用した地方創生の取組みがあります（図5.20）．COVID-19禍で海外渡航が制限された時期にも，旅行会社はオンラインツアーを企画し，商品化しました．忙しくて旅行の時間が取れない方や，体力が心配で遠方には行けないシニア層が自宅から旅行に参加できるのは魅力といえます．観光資源さえあれば，VR技術を活用することでより効果的なマーケティングやプロモーションを行うことができます．

　さらに，祭りや新年のカウントダウンイベント，花火大会などのイベントもメタバースと連動させることで，認知度の向上を図ることや，リアルイベントが中止になる場合の代わりを務めることもできます．アバタどうしのコミュニケーションによって現地の人や案内人と交流し，実際に現地を訪れたような体験が可能となります．

　地方創生や，都市の魅力を国内外に発信するために，VTuberの発信力を活用して，観光大使として活動してもらう例もあります．また，福井県越前市のように，ドローンやスマホを使って市民の手作りフォトグラメトリでデジタルツインを作るという町おこしにメタバースが活用された例もあります．

5.4　エンターテインメント

　人々を楽しませる娯楽全般へのメタバースの応用は，参加者が集まりやすく，ワールド内に活気が生まれやすいという特徴があります．VR空間で音楽ライブやライブペイントのアートパフォーマンスも登場しています．また，後述するようにオンラインのイベントやパブリックビューイングの会場として使われることもあります．

　それに対して，VRに特化した体験型施設の中で，サバイバルゲームのようなVRシューティングゲームや，お化け屋敷のようなホラーコンテンツは人気です（図

図 5.21　シューティング VR ゲーム（Zero Latency VR）

図 5.22　体感する展望台（SKY CIRCUS サンシャイン 60 展望台）

5.21）．体験型施設内を歩き回るため，2 章で紹介したロコモーションディスプレイや 4 章で紹介したロケーション VR が用いられます．4D シネマのように五感刺激と組み合わせたコンテンツは，深い没入感を作り出し，質の高い体験を提供することができます（図 5.22）．ローラーコースターに座った状態で HMD を装着し，AR コンテンツと組み合わせるといった使い方もできます．

　また，楽しみながら学ぶ「**エデュテイメント**」にも期待が寄せられています．エデュテイメントとは教育（education）と娯楽（entertainment）を掛け合わせて作られた造語です．遊びながら学ぶことで自主的に知識を身につけていく体験のことで，VR 技術を使った体験との相性が良いといえます．

5.5 イベント・パブリックビューイング

　メタバースをライブ会場やパブリックビューイングなどの大規模なイベントに活用することも考えられます．従来のパブリックビューイングのように大型モニタを VR 空間に設置して鑑賞することができますが，アバタが VR 空間でパフォーマンスする様子を鑑賞することもできます．VR 技術を駆使した鑑賞行為では，遠隔地にいながら，現地にいるような臨場感を体験することが可能になっています．実際のスポーツ観戦では競技場内の選手に近付くことはできませんが，VR 体験の中では自由な位置から試合を観戦できるようになります．S 席だけでなく，フィールドの中からも観戦ができます．そのほか，ファッションショーやフェス，eSports の観戦，講演会や展示会も開催することが可能です（図 5.23）．

　オンラインゲーム「Fortnite」の中で大規模なライブイベントが実施されています．事前に録画されたライブパフォーマンスをゲーム空間に動画のように貼り付けて再生する場合も多いですが，同じ会場（インスタンス）に参加可能なアバタ数の制限により，異なるインスタンス間のユーザに同一のライブ体験を提供するための方法と考えられます．

図 5.23　Hubs Cloud を使ったイベントの様子

5.6 バーチャルマーケット

　　クリエイターエコノミーとは，ジャンルを問わず個人のクリエイターが自らの表現や創作活動で収入を得ることにより形成された経済圏のことを指します．YouTuber，ゲーム配信者，インフルエンサー，ジャーナリストなど，さまざまな人々が個人の情報発信や行動によって収入を得られるようになってきています．

　　近年クリエイターエコノミーが注目され，クリエイターが活発化している背景には，プラットフォームやサービスなどWeb環境面の進化と，COVID-19などの社会情勢の大きな変化の二つに分けられます．

　　Web環境面の進化とは，クリエイター向けのプラットフォームの進化などが挙げられ，メタバースもこの中に含まれます．社会情勢の大きな変化とは，副業の推奨など生活様式やビジネスのあり方の変化です．このように収入が得やすくなる環境が整備されたことで，クリエイターが増えたと考えられています．

　　メタバースの中では企業が作ったコンテンツをただ消費するだけではなく，個人がコンテンツを生成する，いわば双方向の経済活動が生まれています．複数のアバタを身にまとったり，メタバース内で新しい個人として活動ができたり，個人が複数のアイデンティティを生むことができるようになり，物理世界の経済活動の延長にとどまらない活動が始まっています．

5.6.1 ●メタバース接客

　　オンライン接客では，客と店員は遠隔ビデオ会議システムを介してコミュニケーションを行います．そのため，接触・感染などのリスクがなく，就労者は就労場所を選ぶ必要がありません．それに対して，VTuberのようにアバタを使ったオンラインVR接客では，身だしなみを気にしないで済むことがメリットとして追加されます．4章で紹介したようにアバタをまとうにはスマートフォンが1台あればREALITY（REALITY株式会社）などのアプリで配信できるようになっています．

　　一般的にYouTuberは自身が演者として出演するのに対して，VTuberは表情や身振りを反映させたアバタやバーチャルキャラクターが出演することになります．アバタを使ってオンラインで接客することで，遠隔操作する店員は，見た目を変えて，あるいは隠して接客することができます（図5.24）．見た目だけでなく，音声をボイスチェンジャで変えて接客することも可能です．接客する店員とアバタやキャラクターの双方の性別や年齢が必ずしも一致しない場合でも何ら問題は生じません．

　　実店舗やシングルプレイの3Dゲーム内でもディスプレイ画面を使ってCM動画を

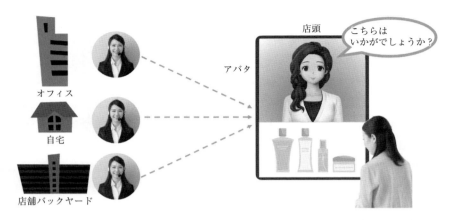

図 5.24　遠隔操作でバーチャルキャラクターによる店頭接客を行う例（TimeRep）

流すような単方向の接客は従来から行われてきましたが，わからないことを直接質問して聴きたいというライブ型・同期型の接客に対する要望は根強くあります．メールやチャットなどの非同期型のメディアではなく，電話や窓口で直接問い合わせる方が早くて楽だと考えるユーザは多くいます．また，店舗側としても，顧客のもつ潜在的な要望を聞き出して適切な商品を推薦することで質の高い接客が実現でき，さらに顧客から獲得した潜在的な要望をマーケティングに活用できるといったメリットもあります．接客する店員の見た目はビデオカメラの映像がよいのか，あるいはアバタの方がよいのかについてはまだ議論に決着が着いていませんが，店員が化粧をしなくてもよい，服装を選ばなくてもよいといった点は VR ならではの効用といえるでしょう．

　メタバース接客は自由度が高いため，育児や介護で就労時間の制約がある場合や，病気などで長時間就労が難しい場合でも就労しやすくなります．そのため，働き方の多様化を通じて誰もが挑戦できる社会に変容することが期待されます．

　1 体のアバタを複数の労働者で共有し，時間ごとに切り替えることで見かけ上はアバタは長時間勤務していますが，労働者は交代で勤務できるといったことも実現できます．

5.6.2●バーチャルショップ

　VR 技術を活用した，オンライン上の店舗として「**バーチャルショップ**」があります．有名デパートやブランドがメタバース空間内に出店することも増えています．バーチャルショップには実店舗や従来のネット通販サイトなどと比較して，さまざまなメリットがあります．まず，バーチャルショップを見て回るというショッピングの楽しさがあります．バーチャルショップの広さやデザインの自由度は実店舗以上に高

図 5.25　バーチャルマーケット（2022 Winter）

くなります．次に，バーチャルショップは従来のネット通販サイトと同様に 365 日
24 時間開店可能で，開店資金が実店舗に必要な額よりも大きく抑えられます．従来
のネット通販サイトがカタログショッピングのオンライン版とするならば，バーチャ
ルショップは店舗の内装や購買体験のブランディングが可能で，実店舗を真にオンラ
イン化したものといえるでしょう．

　従来のネット通販サイトで服や家具を購入したときに，実物を手にしたときにデザ
インやサイズなどが写真やイメージと異なるように感じることがあります．バーチャ
ルショップでは，バーチャル試着やインテリアの配置シミュレーションなど，身体性
を使って商品の大きさの理解を得ることができます．物理世界のようにペンの試し書
きや，自動車の試乗のようなことがメタバースでできることが従来のネット通販とは
異なります．

　代表的なものは**バーチャルマーケット**（Vket）で，株式会社 HIKKY が主催する
バーチャル空間上でのマーケットイベントです（図 5.25）．バーチャル空間上にあ
る会場で，アバタそのものやアバタ用の服など 3D アイテムのデジタルデータの売買
が行われていますが，それだけでなく物理世界で使う商品（洋服，PC，飲食物な
ど）も売り買いできます．日本だけでなく世界中から来場者があり，その参加者数は
ギネス世界記録にも認定されました．商品の売買に加えて，会場内で音楽ライブに参
加したり，電車に乗ったりといった体験を提供するイベントも併催されています（図
5.26）．

5.6.3●アパレル業界

　アパレル業界のメタバース活用は積極的で，リアル販売とバーチャル販売を連動さ

179

図 5.26　JR 東日本によるバーチャル秋葉原（バーチャルマーケット 6）

図 5.27　アバタの衣装（Meta）

せるなどの取組みが行われています．たとえば，実店舗で服を購入するとデジタルファッションアイテムが手に入り，メタバースで使えるというものです．この購入証明に NFT を使う場合もあります．デジタルファッションアイテムは，物理世界で販売されている洋服を 3D オブジェクトとしてモデリングすることが一般的ですが，メタバース空間でのみ手に入るアイテムもあり，高価格で取引されているものもあります（図 5.27）．

　また，すでに物理世界では扱っていない商品などをメタバース内で手にすることもできます．たとえば，セレクトショップの BEAMS はバーチャルマーケットの中で，脱プラスチックに向けて廃止された「肩掛けショッピングバッグ」を復刻して配布しました．

　アバタ向けのファッションも人気があり，オンラインゲームの Fortnite ではデジタルファッションアイテムの収益が年間 30 億ドル以上（2021 年）で Prada や Fendi と

いったアパレル企業より大きいことが報告されています．スマートフォンで簡単にアバタを作って遊べる ZEPETO でも，アバタ用のファッションアイテムの売上は好調です．自分でデザインした服やアイテムを販売する個人クリエイターも少なくありません．ここで注意したいのは，アバタが身につける服は物理世界の服のように静的な布である必要はありません．発光するような洋服や，変形する洋服，あるいは火や煙のようなパーティクル（particle）を組み込んだ服も利用可能です．

　さらに，本人を忠実に再現したフォトリアルアバタを使ってメタバース上で試着を行うこともできます．リアル販売のために VR 空間をうまく使う例といえます．

5.7　広告・マーケティング

5.7.1●マーケティング

　メタバース空間ではあらゆる情報を記録することができます．VR デバイスに視線計測装置がついている場合にはユーザがどこを見ていたかというような情報も含まれます．また，どこの店舗のどの棚の前にどれくらい滞在していたかなどのユーザの行動情報を収集することができます．そのため，メタバース内の店舗を使ったマイクロマーケティングも可能となります．デジタルツインの VR 空間に作られた店舗内の商品陳列を，実際と変えることで売上にどのように影響するかを比較するという使い方もできます．

　また，購買活動に対して，どういった五感情報が有効に機能するかを調べる**感覚マーケティング**（sensory marketing）も VR 技術やメタバースと相性が良いといえます．

5.7.2●広　　告

　メタバース空間で単方向の情報発信として広告表示が行えます．メタバース空間に看板やモニタを設置し，ポスターを貼ったり，動画を再生したりできますが，メタバースでは 3D モデルを広告として利用できることが大きな特徴です．また，広告の設置場所は看板のような広告スペースだけでなく，利用するアイテム自体（たとえば，カメラ，バイク，家具など）が広告になったり，メタバース内のインフルエンサーのアバタが洋服の 3D モデルを身につけたりといった広告の方法も考えられます．ゴジラやガンダム，エヴァンゲリオンのような存在感のある大きなキャラクターがワールド内にあれば注目を集めるように，デジタルツインのもつ日常風景と非日常的なモデルを組み合わせる広告などが考えられます．

5.8 メタバースで生まれるビジネス

5.8.1●アバタワーク

2018年に働き方改革関連法案が改正され，副業が社会的に奨励されています．さらに2020年からはCOVID-19禍はテレワークの普及もあり，多様なワークスタイルが浸透してきました．そのため，アバタを活用した働き方に注目が集まっています．

アバタをまとうことで，視覚で得られる偏見から解放されます．具体的には，男女の差や年齢差，容姿の差などで生じる固定観念によって失うことが多い分野への就労の機会が得られます．時差は越えられませんが，住んでいる地域や国も関係がなくなります．

また，アバタの動きを作る演者（モーションアクター）は今後重要性を増すと考えられます．NPCのアバタのアニメーションにはAdobe Mixamoやバンダイナムコ研究所が公開した3Dモーションデータなどの動作パターンを適用することもできますが，感情を含む動きや個性のある動きや表情など，複雑に組み合わされた動きを表現できるモーションアクターは重宝されます．同様に声優もアバタと相性が良い職業です．

ここで注意したいのは，メタバース内で副業するようになったり，別のアイデンティティをもって仕事をするようになっても，物理世界とのつながりが完全に切り離せるわけではありません．メタバース内で匿名のアバタとして誹謗中傷の発言をした場合，正当な理由であれば発言者情報の開示を受け，名誉毀損の責任が生じる判例もあります．また，メタバース内でアバタが誹謗中傷を受けたときに，物理世界に精神的な影響はないとはいえません．トラウマになったり，ショックを受けて自ら命を絶つユーザが出てくるかもしれません．肉体としての自己は物理世界の地に足をつけていることを意識する必要があります．

5.8.2●イベントスタッフ

アバタの姿で働くことだけがメタバースで生まれるビジネスではありません．メタバースによって生まれるビジネスには，メタバースのイベントのスタッフを挙げることができます．メタバース内の撮影カメラマン，配信担当，音響スタッフ（PA），ネットワークの帯域を監視するスタッフなどが必要です．

また，イベントにおける「大道具」や「小道具」のようにメタバースのワールドの制作や，CGモデリングのクリエイターもメタバースのプラットフォームによらず重

要な担当で，すでに個人クリエイターの活躍が進んでいます．また，規模が大きいイベントでは統括するプロデューサーも重要となります．

5.8.3●収益化モデル

メタバース内で社会的活動を行う上で生じる経済活動も期待されています．インターネット分野では，課金モデル，広告モデル，EC モデル，仲介モデルの四つが代表的なビジネスモデルです．メタバース内の活動でも同様の形でビジネスが形成されると考えられています．

課金モデルは，イベントへ入場するときや，希少アイテムを入手するときにユーザに料金を支払ってもらうものです．一定期間のコンテンツ利用に対して課金するサブスクリプションモデルもあります．たとえば，VRChat では利用料金は無料ですが，有料のサブスクリプションプランも導入されています．

広告モデルでは，メタバース空間に広告を表示することで，広告主のサービスや商品の購入を促進させる対価として広告主から報酬を得るものです．5.7 節で説明したようにワールドに溶け込んだ商品の場合，ユーザにとって広告であることが不明瞭になりやすいという特徴があります．

EC モデルの EC は electronic commerce の略で，メタバース空間に店舗を出店してもらい，その出展料や売上手数料を出展者から得るものです．講演会や展示会などのイベントも含みます．5.6 節のバーチャルマーケットがその代表例です．

仲介モデルは，目的や利害が一致するユーザどうしを結びつけ，マッチングの成功報酬を得るものです．たとえばオンラインゲームプラットフォームの Roblox はゲームのクリエイターとユーザをマッチングさせているサービスといえます．

そのほか，メタバースに特有なものとして，暗号通貨の技術を使ったオンラインゲームをプレイし，ゲーム内のアイテムや報酬を暗号資産として取引する **P2E**（play to earn）があります．

5.9 その他

ほかにも以下のような領域でメタバースの活用が増加すると考えられます．

（1）農業領域

世界的な人口増や農地の都市化によって，農業業界では DX 化による生産性向上が求められています．作物や土壌のモデル化に加え，気象データやそれらを統合したシミュレーションなどを含むデジタルツインが求められます．また，収穫を遠隔操作で実施する収穫ロボットの開発やそのシミュレーションの実施も進んでいます．

（2）物流倉庫

　COVID-19 禍の巣ごもり需要などで宅配荷物が増大し，倉庫業務では複雑化しているオペレーションのスマート化が進んでいます．製造業の工場と同様に自動化，配送ロボット，そして人との協働が活性化しています．そこで，デジタルツインを利用した人やモノの流れのシミュレーションや可視化が行われ，見えてこなかった課題の抽出とその改善のために利用されています．

（3）メタバース婚活・結婚式

　SNS が出会いの場やマッチングに利用されているように，いわゆる婚活・恋活イベントとして，あるいはオンラインデートアプリとしてメタバースを活用する取組みが増えています．地方自治体が中心となって企画する例もあります．メタバースでの交流をきっかけに物理世界で結婚（法律婚）した例もあります．それとは別にメタバース内でパートナー関係となることもあります．4 章で述べたようにアバタをまとう形での恋愛は，はじめて話す人とも緊張せずに交流できることや，外見よりも内面が重視されやすいなどがオフラインの婚活・恋活イベントとの違いになります．

　物理世界での結婚式においても式場見学などの準備や式そのものにメタバースが使われる例が報告されています．式典を VR 空間で実施すれば，招待客数や会場の広さなどの制約を受けないといった特徴があります．また，物理的な結婚式会場に参列できない招待客にも参加してもらえるといったメリットもあります．

（4）アダルト産業

　200 以上あるとされるソーシャル VR プラットフォームのうち，アダルト産業を主目的としたものも登場しています．ただし，道徳的な懸念もあり，プラットフォームの大手では利用規約でポルノに該当する内容が禁止されています．一方で，VR コンテンツとしての流通の市場規模が大きい点もあり，年齢制限や法規制も含めて議論が必要な分野といえます．

（5）法律分野

　メタバース空間に特化したルールの議論は途上にあります．アバタの肖像権・商標権・意匠権，デジタルモデルの著作権・所有権，ストーカーの問題などメタバースで議論されている問題の多くは SNS やオンラインゲームなど従来の枠組みですでに生じている問題で，判例がいくつか出ています．そのため，メタバースでは特にアバタの身体性に関係した問題が固有の課題となります．アバタに対するセクハラの問題や暴行，ヘイトスピーチの扱いに関して整理が必要と考えられています．ミュートやブロックなどの自己防衛手段はあるものの，このようなメタバース内のいざこざを専門に扱う法律家や弁護士に対するニーズは高まると考えられます．

（6）軍事分野

　軍事訓練に VR 技術や AR 技術が導入されることは多く，敵の基地の図面が既知な
ときや戦術の理解が必要な場合にはメタバースによる戦闘訓練や対戦シミュレーショ
ンなどが適しているといわれています．開発事例はなかなか報告されませんが，今後
増加する可能性があります．また，戦地から帰った兵士の精神的ケアにも VR は古く
から用いられています．

参考文献

- 雨宮智浩，相澤清晴："リアルとバーチャルが融け合う拠点 ―東京大学 VR センターの取り組み ―"，大学時報，Vol. 406（2022）
- 雨宮智浩："東大 VR センターによる VR 技術を活用したオンラインライブ講義の実践"，映像情報メディア学会誌，Vol. 75, No. 6, pp. 697-701（2021）
- 雨宮智浩："アバター化技術による教育効果への期待　メタバースは一時的な流行に終わらない"，中央公論，2023 年 2 月号（2023）
- T. de Jong, M.C. Linn, and Z.C. Zacharia："Physical and virtual laboratories in science and engineering education", Science, Vol. 340, No. 6130, pp. 305-308（2013）
- Sun Joo Ahn, et al.：Experiencing Nature: Embodying Animals in Immersive Virtual Environments Increases Inclusion of Nature in Self and Involvement with Nature, Journal of Computer-Mediated Communication, Vol. 21, No. 6, pp. 399-419（2016）
- 雨宮智浩　監修：メタバースでできる 100 のこと，TJMBOOK，宝島社（2022）
- https://ryanschultz.com/list-of-social-vr-virtual-worlds/
- 久保田瞬，石村尚也：メタバース未来戦略　現実と仮想世界が融け合うビジネスの羅針盤，日経 BP（2022）
- 小宮昌人：メタ産業革命　メタバース×デジタルツインでビジネスが変わる，日経 BP（2022）
- 池上英子，田中優子：江戸とアバター　私たちの内なるダイバーシティ，朝日新書（2020）
- Park MJ, Kim DJ, Lee U, Na EJ and Jeon HJ：A Literature Overview of Virtual Reality（VR）in Treatment of Psychiatric Disorders: Recent Advances and Limitations. Front. Psychiatry 10:505（2019）
- 総務省 情報通信政策研究所 調査研究部，「Web3 時代に向けたメタバース等の利活用に関する研究会」中間とりまとめ（2023）　https://www.soumu.go.jp/main_content/000860618.pdf
- Tomohiro Tanikawa, Riku Fukaya, Takenori Hara, Haruka Maeda, Shigeru Komatsubara, Kazuma Aoyama, Tomohiro Amemiya, Michitaka Hirose: Case Study of Low-Code VR Platform for Training and Assessing Employee's Service Skills, In Proc. HCI International 2023（2023）

6章

メタバース/VR の今後の展望

メタバースを支える VR 技術の進化やアバタの心理学の発展は著しいものがあります．一部の産業でも VR やメタバースのサービスが活用され始めています．理想的なメタバースの実現には至っていませんが，メタバースはこれからどこに向かうのでしょうか．メタバース時代における課題とは何でしょうか．本章では，メタバース時代に向かう今後の展望を周辺技術とあわせて紹介し，課題とあるべき姿について俯瞰します．

6.1 時空間を超えるメタバース

6.1.1●距離を超える

ソーシャル VR ではコンピュータにより作られた世界の中でユーザ自身が存在するかのように行動できます．メタバースにおけるユーザとプラットフォームの情報のフローを図6.1（a）に示します．ネットワークを介して VR プラットフォームとつながることで，他のユーザと交流し，ワールドでさまざまな体験します．この図の「VR プラットフォーム」を「物理世界」に変えたものが，**テレプレゼンス**（遠隔臨場，telepresence）になります（図6.1（b））．ユーザから見るとメタバースのアバタも物理世界のアバタとしてのロボットも差はあまりありません．ただし，ユーザが得られる情報や物理的な制約には差があります．

テレプレゼンスは 1980 年に米国の Marvin Minsky 氏により提言された概念です．これは原子力発電や宇宙開発での遠隔操作研究の中で，身体の一部として動作するような遠隔操作技術や身体能力を拡張する技術として提唱されました．遠隔操作研究は NASA をはじめ，原子力発電や宇宙開発の進展とともに促進されてきました．現在でも鉱山での作業など危険を伴うような場所では，操縦席から遠隔の作業車を無線で操作する**テレオペレーション**が広く用いられています（図6.2）．また，1960 年代に米国の原子力関連施設などではテレオペレーションの技術の延長として，**スーパーバイザリーコントロール**（管理制御）が提案されました．ロボットを制御するテレ

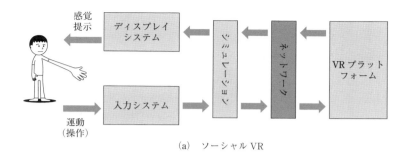

(a) ソーシャル VR

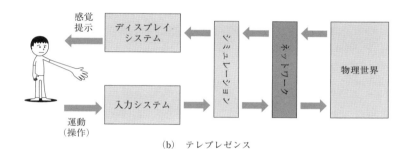

(b) テレプレゼンス

図6.1 ソーシャル VR とテレプレゼンスの情報フロー

図6.2 テレオペレーション（コマツ）

オペレーションと，ロボットが自動的に状況を判断し行動する自律制御とを組み合わせたものです．スーパーバイザリーコントロールを用いることで，逐一入力を送るのではなく，大局的にロボットに指示を出せばよく，通信遅延がある場合でも活用できるようになります．この制御法は遠隔ロボットだけでなく，VR 空間内のアバタなどの操作にも応用されています．

　テレプレゼンスの提唱とほぼ同時期に，日本では舘暲氏が遠隔のロボットとオペレータとが一体化したような感覚をオペレータに与え，ロボットの制御を可能とする技術概念として，**テレイグジスタンス**（遠隔存在，telexistence）を提唱しました．遠隔地にいるユーザが，離れた場所に存在するかのように行動する概念で，**分身ロボ**

(a)　Double 3 　　　　　　　　　　　(b)　Model-T

図6.3　テレプレゼンスロボット（Double 3）とテレイグジスタンスロボット（Model-T）

ットやサロゲート（surrogate）と呼ばれることもあります.

　テレプレゼンスやテレイグジスタンスでは，遠隔地にいるユーザがその場にいるように感じるだけでなく，そのロボットとの対話者にも遠隔地にいるユーザが同じ空間にいると感じさせることが必要となります. つまり，遠隔地にいるユーザが感じる「存在感」と対話者が感じる「存在感」の二つの観点から議論する必要があります. 製品として販売されているテレプレゼンスロボットは，移動可能な台車の上にコミュニケーションの相手の顔を映すタブレット端末を乗せた形態をしています（図6.3）. 遠隔地にいるユーザがこのロボットを遠隔操作し，移動しながらタブレット端末でビデオチャットを行います. ロボットの向きを変えて，話したい相手の方を向いて話せます. これによって，ロボットの周りにいる人は遠隔地にいるユーザの気配や存在を感じることができます. 一方，テレイグジスタンスロボットとして販売されているものは，主に上半身がヒューマノイドのような形態をしています. ロボットの身振り手振りによって周囲にいる人はより明確な存在感を得られます. また，ロボットが物体に触れたときの硬さや温度などの触覚も伝えられるような研究も進んでいます. ALS（筋萎縮性側索硬化症）や頚椎損傷などにより身体が不自由な方が分身ロボットを通してカフェで配膳業務や接客を行うような社会実験も開始されています.

6.1.2●時間を超える

　メタバースは空間の制約がなく，離れた場所にいても同じ場を共有できることが大きな特徴です. しかし，メタバースは空間だけでなく，時間にも大いにメリットがあ

図6.4 小児の身体性を再現した VR コンテンツ（CHILDHOOD）

ります．COVID-19 禍で普及したオンライン化では通勤・通学時間や移動時間の短縮がメリットとして挙げられました．また，動画視聴においては倍速再生機能が広く利用され，非同期コンテンツに対する時間の意識が変化しています．

　メタバースの基幹技術である VR 技術では予め記録しておいた過去の出来事を追体験することや，複雑な数理モデルを使って未来の出来事をシミュレートして，その結果を体験することができます．いわば，タイムマシンのような使い方ができると期待されています．

　5 章で紹介した広島の VR ツアーは時間軸方向の例となります．ほかにも江戸時代の町並みを散策したり，ローマ帝国の様子を見たりするといった使い方もできます．こうした体験ではユーザのアバタをその時代に合わせることもできます．一般的な SF 作品で見られる時間旅行では，自分は若返ったり年老いたりせずに，今現在の自分が時代の異なる他者と触れ合います．メタバースにおける体験では自分のアバタを幼少期の自分に戻したり，老人に変えたりすることもできます．身体の大きさが変化したときにはそれに伴って，運動機能や知覚も変化します．たとえば，子どもに戻ったときには身長が低くなり，視点が低くなりますが，それに加えて瞳孔間距離（2 章参照）も短くなります．カメラ間距離を短くしたり，視点を下げたり，手に受動外骨格を取り付けたりすることで幼児の身体性を VR 技術で表現した **CHILDHOOD** という研究もあります（図 6.4）．

　また，深層学習などを用いた画像処理によって個人の特性を残したまま幼児化あるいは老化させる方法も研究が進んでおり，それをアバタなどの 3D モデルに適応する研究も進んでいます．

6.2 意識を超えるメタバース

6.2.1 ●なりたい自分と不可分な私

　メタバースにおけるアバタと，そのアバタを通じた体験は利用者の意識に影響を与えることもできます．4.1 節で紹介したプロテウス効果では，VR 空間の中で操作しているアバタの見た目によって，その人の行動が変化することから，意識が身体の行動を決めるだけでなく，身体が意識に影響を与えるという見方もできます．

　人間は生まれながらにして身体的な特徴に影響を受けています．容貌や身長，性別など，基本的には変えられないデフォルトアバタです．髪型や服装といったカスタマイズも身体的特徴を基軸としたうえで行われます．また，運動能力や声色などの運動機能にも個体差があります．これらに対して，メタバースではアバタが自由に変えられるという特徴があります．物理世界ではなかなか変えられないパラメータが自由に選べるだけでなく，身体機能に障がいがあっても関係がなくなります．また，複数のアバタを使い分けることや同時に操作することもできます．

　アバタをまとうことで社会的な立場から離れるという使い方があります．無意識による偏見や思い込み（unconscious bias）からの解放の可能性があり，立場や役職にとらわれない無礼講を望む上司との対話に利用できるかもしれません．

　自認する性別とは異なるアバタでソーシャル VR に参加することもできます．2021 年に行われたソーシャル VR 国勢調査（約 1,200 名からの回答）ではソーシャル VR に参加する日本人男性の 75% 以上が，女性らしい見た目のアバタを最もよく利用することが報告されています．アバタやメタバースには「なりたい自分になれる」という謳い文句が使われることもあります．

　ただし，アバタである “私” と物理世界の “私” とが完全に切り離せるわけではありません．アバタが VR 世界で行ったことは賞賛あるいは非難の対象となり，物理世界の “私” に責任が伴います．これは意識的な問題だけでなく，法律的な問題でもあります．匿名のアバタで活動する VTuber が誹謗中傷を行ったときに，発信者情報開示が命じられることもあります．また，物理世界の操作者（中の人）の言動によって VTuber が活動停止に追い込まれることもあります．

　すべてのアバタが「なりたい自分」を実現し，ルッキズムから解放されたとき，そのユーザのもつ性格，さらにいえば本性がより前面に現れます．つまり，実現された「なりたい自分」は表面的なものに過ぎないのではないかという批判もあります．また，性別からの解放が，特に国内では男性を中心に行われていること，つまり非対称

性が存在することについて慎重な議論が必要です.

　現在のSNSなどのサービスではスマホで撮影した顔を修正したり加工したりするのが当たり前となっています. そうした加工後の顔が「自分」の顔で, それに近づけようと化粧したり整形したりする人もいます. アバタで過ごす時間が増えることで, サイバー世界が主で, 物理世界が従のような関係になるかもしれません.

6.2.2●パースペクティブテイキング

　VR技術を使うことで他者の視点に立つことができます. ここでいう他者とは, 実在する人物だけに限りません. 実在しない人物や動物, 架空の生物, 幽霊でも問題ありません. 自然界にいる動物の視点を体験すると環境問題への関心が高まるという研究成果もあります.

　単にアバタの見た目を変えるだけのように思われますが, 物理世界の自分と違う環境や立場, あるいは別の人種や性別の人物になることで, ステレオタイプの軽減や先入観を排除して相手が理解できるようになると期待されています. つまり「他人を演じる」ことで, はじめてその人を理解できるという教育効果に注目が集まっています. このような相手の立場に立って物事を考える視点取得のことを**パースペクティブテイキング**（perspective taking）と呼びます. アバタを使い, 差別される体験やDVの加害者と被害者の体験, 子育て世代の仕事環境などの体験を通じて, 異なる立場の考えや置かれた状況を理解するきっかけとなることが期待されています.

　知覚特性をシミュレーションする例もあります. 図6.5は弱視の視覚障がい者の視界を疑似体験できる視覚フィルタの例です. 弱視といっても個人ごとにさまざまな症状が組み合わされているため, フィルタを編集したり, パラメータを調整したりすることで, 多様な症状を再現しています. ほかにも発達障がいの特徴の一つである知覚過敏のVR体験や, 自閉スペクトラム症（ASD）の視覚世界を体験するシステムも開発されています. 障がい当事者に対する理解を深めるために当事者の家族などが使う用途が想定されています.

6.3 橋渡しするメタバース

6.3.1●空間から場へ

　COVID-19禍で進展したリモート作業では, ユーザ間で雑談（informal communication）が十分にできないことが課題とされてきました. テキストチャットなどの手段も普及していますが, さまざまな調査では十分に雑談を支援できていない

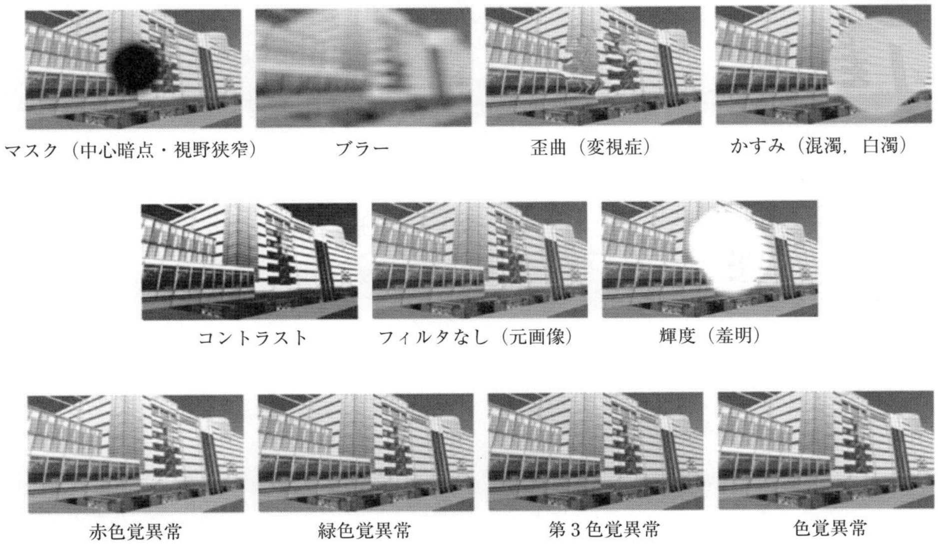

マスク（中心暗点・視野狭窄）　　　　ブラー　　　　　　歪曲（変視症）　　　かすみ（混濁，白濁）

コントラスト　　　　フィルタなし（元画像）　　　　輝度（羞明）

赤色覚異常　　　　　　緑色覚異常　　　　　　第3色覚異常　　　　　　色覚異常

図 6.5　弱視シミュレータで用いたフィルタとパラメータ

　ことが明らかになっています．リモートワークを強いられた会社員や，学校に通うことができなくなった学生の多くはコミュニケーション不足によって孤独感や不安感を抱いたという報告があります．音声チャットやソーシャル VR はこうしたコミュニケーション不足を解決できる可能性を秘めています．

　しかしながら，「空間」を用意するだけでは単なるハコモノになってしまうため，その空間におけるコミュニティ戦略や，インタラクションデザインが重要となります．つまり，人々が集まってインタラクションをする「場」の設計が必要です．「空間」を人々が集う「場」にするためには，空間設計に加えて，その空間をカスタマイズして適切なコンテンツを実装できる自由度が重要だといわれています．

6.3.2●弱い紐帯の強さ

　人々の関係性を考えるうえで，**紐帯の強さ**（tie strength）という概念があります．これは 1973 年にスタンフォード大学の Mark S. Granovetter 氏が論文「The strength of weak tie」の中で社会ネットワークの概念として提唱しました．家族や親友，職場の仲間のように社会的に強いつながり（強い紐帯）をもつ人々よりも，友達の友達や単なる知り合いなど社会的なつながりが弱い人々の方が，自分にとって新しく有益な情報をもたらしてくれる可能性が高いという説です．

　会社のような場では，日常的に緊密にコミュニケーションを取っているグループ（クラスタ）のメンバーどうし（強い紐帯）の間ではほとんどの情報が共有されてい

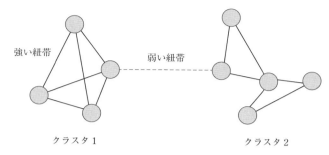

図6.6 コミュニティにおける弱い紐帯の役割

ます．これに対して，別のクラスタに属する弱い紐帯のメンバーは，そちらのグループで共有されている情報をもたらしてくれる役割を果たしてくれます（図6.6）．弱い紐帯の関係にあるメンバーどうしが橋渡しとなるきっかけには偶発的な出合いが重要となります．COVID-19 禍以前では，オフィスの廊下やラウンジで偶然出会ったときなどに，弱い紐帯間の情報交換が行われていました．リモートワーク環境でも弱い紐帯の人々が偶発的に出会えて雑談に発展できるようになるためには，バーチャルオフィスが有効であると考えられます．特に，身体性を伴ったアバタの利用は，相手の関心をひきつけたり，会話のきっかけになったりします．アバタを介したメタバースではそうした出会いを支援できる可能性があります．

6.4 基盤化するメタバース

6.4.1●インターバース

　オンラインコミュニティはスマートフォンなどの高機能モバイル端末の登場により，中年層では Facebook，Twitter に代表される SNS を，若年層は TikTok や SnapChat といった情報密度の高い SNS が駆使されています．それに対して，高齢層では，LINE に代表されるオフラインコミュニティをただ単につなぐ SNS の活用にとどまっています．このように SNS が世代や用途に応じて複数存在するように，メタバースも一つに収斂するのではなく，用途や世代ごとに複数が共存すると考えられます．

　そこで重要なのは，メタバース間をつなぐ「**インターバース**」（interverse）という概念です．これは主に異なるメタバースプラットフォーム間を指しますが，物理世界とサイバー世界との間も含みます．インターバースで，意識せずに同じアバタや3D アセット，通貨などが自由に利用できることが求められます．こうした相互運用性の概念の根底にあるのは，個人のアイデンティティをプラットフォームからプラッ

トフォームへ移せるということにほかなりません．各プラットフォームが独立したまま，さまざまなルールが統一されることは望ましい姿といえます．

6.4.2●アバタの標準化と所有

　アバタの標準化ファイルフォーマット「VRM」を普及促進する VRM コンソーシアムが国内で発足しました．VRM は 4 章で紹介したヒューマノイド型モデルを取り扱うためのフォーマットで，モデルデータに CC ライセンスを選択したり，アバタデータを扱えるユーザの範囲を限定したり，過度に性的な表現や暴力表現，宗教目的や政治目的の表現に利用しないなど，アバタの「人格」に配慮したライセンスを設定することができます．VRM はアバタを介してメタバースの相互運用性を確保する試みと捉えることができます．

　自作のアバタを利用するために，VRoid Studio（ピクシブ株式会社）などアバタの制作を支援するプラットフォームサービスもあります．しかし，運営企業が破綻するなどの理由でサービスが終了した場合，所有しているデジタル資産が消滅するリスクがあります．たとえば，2022 年 6 月にサービスが終了した「V カツ」では，そのプラットフォームを用いてユーザが制作した一切のアバタの利用が禁止となりました．アバタはただの 3D データではなく，自分の分身として使われるため，ユーザにとってこの利用禁止措置は大きな衝撃となりました．こうしたサービスの利用規約には十分に注意して付き合う必要があり，サービスの途中で利用規約やサービスそのものが変更することは決して少なくありません．現在利用可能なメタバースの中でブロックチェーン技術が適用されているサービスは限られていますが，一般に個人や法人が所有しているデジタル資産や取引に関するデータをブロックチェーン上に記録し，分散管理することでデータの改ざんや消失を防ぎ，資産や権利，取引などの透明性が向上するといわれています．しかし，ブロックチェーン技術が適用されていても利用規約を覆すものではありません．

6.4.3●メタバースディバイド

　メタバースは物理世界のしがらみから解放されると謳われている側面もありますが，解放する際に物理世界の貧富の差や情報格差がそのままメタバースでも生じてしまう可能性があります．VR デバイスやゲーミング PC はまだまだ高価で，参加するユーザが全員もっているコミュニティは限られています．現状では，図 6.7 に示すようなデスクトップモード VR での利用者が大半を占めています．また，アバタを作製するにも費用や電気代，ゲーミング PC などのリソースが必要となります．こうした物理世界の経済格差がそのままメタバースに反映される可能性があります．

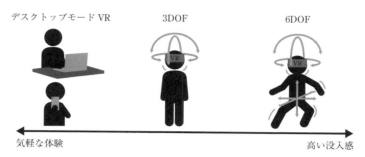

図 6.7　VR 体験の自由度と没入感

デスクトップモード VR は VR デバイスを用いずにパソコンやスマートフォンの画面に表示される VR 空間を見ることで気軽に体験できるものですが，没入感は高くありません．デスクトップモードは一般的なゲームの体験に近く，キーボードやマウスが移動や見回しの操作に割り当てられています．表情やハンドサインなどがキーに割り当てられているものもあります．

　一方で，3DOF 対応の HMD では一般的に x 軸，y 軸，z 軸周りの回転に対応します．**DOF** とは degree of freedom（自由度）を表し，VR ゴーグルを用いた体験では，ユーザが VR 空間で動ける自由度となります．固定された地点で 360 度カメラを使って撮影した写真を見るような体験となります．3DOF では見回すような運動は自由にできますが，前後左右に動いても見えが変わることはありません．6DOF 対応の HMD では，3 軸周りの回転に加えて，x 軸，y 軸，z 軸方向の並進方向の移動が加わります．6DOF 対応の HMD では 3 章で述べたような位置情報を検出するためのシステムが必要となります．

　このように同じ VR コンテンツの体験であっても，デスクトップモード VR での体験か，あるいは HMD を用いた体験であるかがユーザ間で異なります．そのため，同じ VR 空間やワールドにいるユーザであっても，その体験には非対称性が存在します．メタバース空間で講義を行った場合には，講師と学生の間，あるいは学生間で非対称性が生じることがあります．こうした「**VR 格差・VR ディバイド**」が生じる中でどのように体験の質を保つかは大きな課題となっています．

6.5　メタバースの UI

6.5.1●ユーザインタフェースとデザイン

　HMD を装着した状態で，デスクワークをすることやメモをとることも実現しつつ

あります．Meta 社の Horizon Workrooms ではモデルは限られますが，キーボードを認識し，VR 内に表示させる機能があります（図 6.8）．また，パススルーでキーボードを表示してデスクトップ環境で作業することもできます．コントローラをペンのように見立てて，ホワイトボードにメモを書くこともできます．VR 空間で大量の文字を入力するにはキーボードが有効といえますが，マイクを使った音声認識も候補とされています．

　VR 空間でのメニュー表示にはパイメニューがよく用いられています（図 6.9）．VR コントローラで選択肢を選ぶ際に，現在のカーソル位置からの相対的な方向に移動して選択するもので，多段のメニューにすることもできます．

　一方，ジャスチャー入力や地面と垂直なタッチパネルを操作する場合には，疲労が原因で腕が痙攣したり，痛んだりする問題が生じます．これは**ゴリラアーム症候群**（gorilla arm syndrome）と呼ばれ，空中インタラクションが多く採用される VR インタフェースでは避けて通れません．コントローラの代わりに視線での入力が採用されるのは，ゴリラアーム症候群を回避することが理由の一つです．

図 6.8　（a）物理世界のキーボードと（b）対応する VR 世界のキーボード（Horizon workrooms）

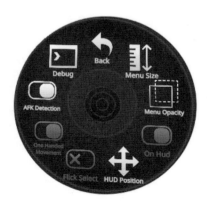

図 6.9　パイメニューの例（VRChat）

6.5.2●アフォーダンス

アフォーダンス（affordance）は生態心理学者である James J. Gibson 氏によって 1950 年後半に提唱されたもので，情報は環境に存在し，動物はそこから意味や価値を見いだすという概念です．環境が動物に対して提供（afford）する情報は，環境の物理的性質ではなく，それを利用する動物との関係で決まります．たとえば，椅子（環境）はヒト（動物）に「座る」という行為を提供しています．しかし，小さな子どもにとって，同じ椅子であっても座面が高ければ座れません．つまり，身体の大きさに応じて座ることのアフォーダンスは異なります．環境にあるすべてのものにアフォーダンスは多数存在しますが，それらすべてを知覚できるわけではありません．

一方，1988 年に米国の認知科学者である Donald A. Norman 氏はアフォーダンスをデザインの分野に取り入れ，そのアフォーダンスのうち，知覚できるもののみに着目しました．2013 年には本来のアフォーダンスがもつ概念と区別するために，「人をある行為に誘導するための手がかり」を**シグニファイア**（signifier）と新たに名付けました．

アフォーダンスは身体と強い関係にあり，身体と環境の関係に基づいて行為の可能性が得られます．VR 空間においてもアバタという身体を介して，3D モデルやワールドを構成するオブジェクトがユーザに行為を知覚させ，どのような手がかりを与えるかを適切に設計する必要があります（図 6.10）．メタバースでは書類が置けない机，通り抜けができる壁，座れない椅子，押せないボタンなど，物理世界のシグニファイアが機能しない場合があります．メタバースにおけるアフォーダンスやシグニファイアには，環境と身体の両面で新しい関係性があることに注意が必要です．

図 6.10　別のワールドへ移動できるシグニファイア（どこでもドア）

図6.11　スマートコンタクトレンズ（Mojo Vision）

6.5.3●進化するVRデバイス

　2016年に普及したVRデバイスは過去の研究から見れば小型・軽量化し，装着時の重量バランスなどが考慮されていますが，長時間利用するにはまだ大きく重いといえます．ただし，眼鏡型の中には，ARグラスのNrealLight（88 g）や，VRグラスのHTC VIVE Flow（189 g）など軽量なものも市販されるようになりました．これらの眼鏡型HMDでは，眼鏡部分では表示のみを実行し，バッテリーを用いず外部電源を利用し，スマートフォンをグラフィックの描画やコントローラとして活用することで軽量化を図っています．

　ゴーグル型の課題としては通気性の問題が挙げられます．また，装着時に髪型が崩れたり，化粧が落ちたりすることも一般のユーザが気軽に体験しにくい理由となっています．メガネが伊達メガネというファッションになりえたように，技術だけではなく日常使いできるデザインも普及の面では重要です．

　現在，コンタクトレンズ型の視覚ディスプレイの研究開発も進んでいます（図6.11）[#1]．コンタクトレンズ型では，人体からエネルギーを取り出す方法が提案されています．また，トラッキング技術については慣性センサをコンタクトレンズ内に組み込むのか，あるいはコンタクトレンズに受光素子を組み込んでインサイドアウト方式とするのかなど検討が必要です．

　これからのVRデバイスは，小型化が進んで装着しても目立ちにくくなっていき，さらには「身につけていることを意識しない」レベルのデバイスへと進化していくと

#1　ただし，2023年1月に開発の保留が発表されています．

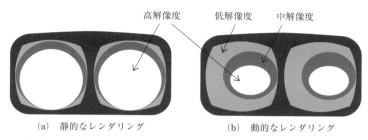

図 6.12　HMD におけるフォービエイテッドレンダリングの実装例

考えられます．現在の VR デバイスは，過渡期真っただ中にいるといえるでしょう．

　HMD も両眼解像度で 5K や 8K を超えるものが販売されています．高解像度化が進むと必然的に高いグラフィック性能が要求されます．そこで，2 章で紹介したように目の中心窩で捉える部分により高い解像度を与えるという方法は視覚特性から見て適した実装といえます．注視している部分のみ解像度を上げる技術を**フォービエイテッドレンダリング**（foveated rendering）と呼び，視線追跡と合わせて中心視の領域のみを高い解像度でレンダリングし，周辺視の領域はあえて解像度を落とすことで画面全体での処理量を小さく抑えることができます（図 6.12）．フォービエイテッドレンダリングは HTC VIVE Pro Eye や PSVR2 などで採用されています．

6.5.4●フルダイブ VR

　メタバースの体験や，VR デバイスを使った体験は，五感すべてで没入できることが理想的です．現時点では物理的あるいは科学的な方法で五感情報を再現する試みが進められています．一方で，SF 作品をはじめ，3.1 節で紹介した脳活動計測手法や脳刺激法を使った **BMI**（brain-machine interface）による五感情報の再現や「フルダイブ」について期待が高まっています．

　フルダイブとは SF 作品「ソードアート・オンライン（SOA）」で登場した単語で，BMI を用いて VR 空間内に五感を接続することで完全にバーチャル空間に入り込むことです．SOA 以前にも脳と直接的な入出力を行うことで VR 世界と接続する作品が多く登場します．1999 年に公開された映画「マトリックス」では，主人公が現実だと認識していた世界が，実はコンピュータが作り上げた巨大な VR 世界であったという話で，人々は脊椎や頸椎にあるターミナルに太いケーブルを接続し，五感のすべての感覚情報はコンピュータから脳に直接情報として送られている，という設定でした．「GHOST IN THE SHELL/ 攻殻機動隊」でも脳にマイクロマシンを埋め込む「電脳」という BMI が描かれています．

　SOA は 2009 年に出版された小説で，MMO ゲーム「ソードアート・オンライン」

においてフルダイブ用ゲームデバイス「ナーブギア」を使ってゲーム世界に入り込んだ主人公たちが，開発者の悪意により現実世界に戻れなくなるという内容の作品です．ゲーム世界の中で死亡すると物理世界でも死亡してしまうため，生きて脱出するにはゲームをクリアしなければならない，という「ゲームであっても，遊びではない」ストーリーです．この中で登場したフルダイブを実現するためには，以下三つの要件が必要だといわれています．

要件1：VR 空間内のアバタが感じる五感を，操作者の脳へとフィードバックする機能

要件2：操作に必要な感覚以外をシャットアウトする機能

要件3：脳からの出力信号を操作データに変換して，VR 空間内のアバタを操作する機能

　要件1は脳へのインプットに関連する処理，要件2は物理世界と VR 世界との情報を調整する処理，そして要件3は脳からのアウトプットに関する処理になります．小説の中では 2022 年に誕生する設定になっていますが，現時点ではいずれの要件も完全な実現には至っていません．特に，要件2は神経ごと，かつ選択的に感覚を遮断と維持ができるのは技術的に難しいといえます．

　しかしながら，BMI の基礎研究も進んでいます．たとえば，要件1で実用化されているものに，人工網膜や人工内耳などの感覚器を介した刺激が挙げられます．脳への埋込み電極による刺激としては全盲患者の大脳の視覚野に文字を書くような電気刺激を行うことで，その文字が伝えられるなどの研究があり，アバタが感じる五感のうち単純なものであれば，実現できるようになるかもしれません．要件2については TMS（経頭蓋磁気刺激，transcranial magnetic stimulation）や経頭蓋集束超音波刺激などが活用できるかもしれません．**TMS** は非侵襲的にヒトの中枢神経や末梢神経を刺激する手段として，1985 年に英国の Anthony Barker 氏らによって発明された刺激方法です（図 6.13）．経頭蓋集束超音波刺激は TMS の磁気の代わりに集束超音波刺激を行うものです．ただし，いずれも現状では空間分解能を含めて要件2の実現には至っていません．また，要件3についてはヒトが両腕を使いつつ運動イメージを想起することで，BMI を介して脳で第3の腕であるロボットアームを操作できることが実証されています．ほかにも電動義手の操作，コンピュータのマウスカーソルの操作なども実現されています．Fortnite のアバタを脳波信号で操作する研究も進められています．また，4.4 節で紹介したノーモーション VR も VR 世界で動いても物理世界では寝たままということが実現できる候補と考えられます．

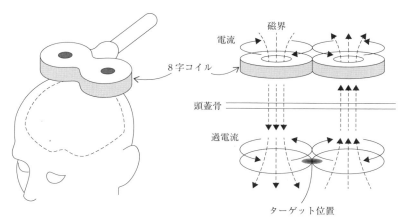

図 6.13 TMS による刺激の例と 8 字コイルによる渦電流パターン

6.6 メタバースの課題

6.6.1●物理世界の法と VR 空間の法

　メタバース内の活動は物理世界にも影響を与えます．そのため，物理世界の法と VR 空間のルールとを調整する必要があります．このとき，物理世界の価値判断が VR 空間においても優先して適用されるべきという原則が提案されています．たとえば，成年のアバタをまとっていても物理世界で未成年であれば保護の対象とすべきというものです．さまざまな課題がありますが，ここではメタバース内の活動を，物理世界の人や財産に帰属させる場面を中心に取り上げます．なお，5.9 節でみたように，メタバース内の活動において現行法で問題とされるものについては，SNS やオンラインゲームなど従来の枠組みで得られた犯罪類型を参考にできます．

　メタバース内におけるアバタを通じた活動では，アイデンティティにかかわる現行法の議論が進んでいます．アバタに対する肖像権は，フォトリアルなアバタやアニメ化したアバタは操作するユーザ（中の人）と容貌が似ていれば保護の対象となると考えられます．しかし，全く異なる容貌のアバタで肖像権の侵害が認められるかは中の人への侮辱になるかなどで議論が分かれると考えられます．

　また，アバタと操作者（中の人）の関係が 1 対 1 ではなく，N 対 M のような複雑な関係になるときがあります．たとえば，VTuber の中には，人格は同一のまま物理世界で操作する人が変更となるケースがあります．1 対 1 であれば，操作者の権利から法的保護が可能ですが，複数人で操作する場合は，法的に人格として保護が可能か

は定かではありません．ほかにも，多数決をとるような選挙を想定した場合，アバタの1票をどう扱うべきかも別の課題として重要です．

　また，メタバース上の犯罪がどこの国の法律で裁かれるのか，物理世界におけるユーザのアクセス元の所在地か，データセンターやサービス提供会社の所在地か，メタバースの「イギリス」のワールドはイギリスの法が適用されるのかなどは今後議論される必要があります．

　アバタの身体性にかかわる問題，たとえば接触を伴うセクシャルハラスメントなどのトラブルと，それによる心的傷害などは従来のメディアで生じるものよりも深い問題となりえます．ただし4.3節で紹介した個人境界線による接近回避機能や，ミュートやブロックなどの自己防衛手段，プラットフォーム上にデータが記録可能で証拠は残りやすいことから，一定の対策は講じられます．また，セクハラや暴力に対しては，将来的に五感情報が再現できる場合でも触覚や痛覚を再現しないという解決策もあります．メタバースに固有な法的な議論は現在進行形で進んでいます．

6.6.2●キラーコンテンツの登場

　技術が浸透するうえで重要なものが**キラーコンテンツ**です．現在，「メタバースはゲーム」というイメージが一般には強い状況です．5章で扱ったように，現時点でもさまざまな取組みが行われています．一方で，キラーコンテンツと呼べるものは現時点では議論が分かれますが，強いて挙げるなら「コミュニティ」が有力な候補と考えられます．

　ただし，キラーコンテンツは世代によって変わっていくことにも注意が必要です．Z世代に続くα世代はメタバースネイティブの世代でもあります．オンラインゲームに親しみ，オンラインゲームをコミュニケーションの場に活用している世代が成長するに伴い，全ユーザがクリエイターを兼ねるなど，メタバースの世界も大きく変容するでしょう．その頃にはメタバースという言葉がバズワードでなくなり，日常生活に浸透していくと考えられます．

　また，現在のコンテンツは物理世界に基軸を置き，それをVR空間に再現したり，VR空間用にカスタマイズしたりといったものが主流です．しかし，メタバースに基軸を置き，フルスクラッチで生まれるコンテンツも重要となります．映画「ハリー・ポッター」で魔法界の人気スポーツとして「クィディッチ」という架空のスポーツが誕生したように，メタバースの中で，メタバースのルールのもとで新しいスポーツが誕生することもあるでしょう．

　社会性や交流という点ではメタバースのマッチングアプリも期待されています．メタバース空間でアバタの姿のまま恋に落ちるという例も報告されています[#2]．人間関

係は多様化しており，メタバースという社会的な活動の中で生じるものとしては不自然ではありません．

6.6.3●中毒性や寝たきりの危惧

メタバース依存が危惧されることがありますが，テレビ依存，ゲーム依存，ネット依存，SNS 依存のように新しく登場するメディアに人が夢中になる状況は常に生じています．そのため，古くて新しい問題といえます．一方，VR のような没入感や自己の体験として深くかかわるようなメディアでは深刻化する懸念も残ります．

また，メタバースが普及すると寝たきりのユーザが増えるというディストピアが描かれることがあります．確かに HMD を装着して，物理的な移動が生じない場合では運動量の消費は小さくなり，運動不足になりやすいと考えられます．しかし，すでに現代人はスマホの視聴に多くの時間を浪費しています．そのため，メタバース内の活動の増加によって急激に運動不足となるとは考えられません．また，エクササイズゲームのように VR 体験ではコントローラを使って体を動かす操作やコンテンツもあります．少なくとも，すでに外出の頻度が少なくなった高齢者にとっては大きな問題にならないかもしれません．また，「ポケモン GO」（Niantic 社）のように，外に出ることを促すようなコンテンツやイベントによって，より運動量が増加することもありえます．

6.6.4●人工知能との融合

メタバースはコミュニケーションメディアで分類すると同期型であることは 5 章で述べました．メタバース空間の大きさは，メモリの制限はありますが，ほぼ無限の広さとなるため，メタバースサービスにログインしても閑散としている場所が存在することがあります．そこで，NPC（non-player character）のアバタが有効にはたらくと考えられます．Web のチャット型の問合せ窓口のように，人に見せかけたやりとりを通じて適切なサポート窓口につなげる chatbot（自動応答プログラム）が業務で活用されています．2022 年 11 月に OpenAI 社が開発した **ChatGPT** が公開され，違和感のない対話が成立する技術が登場しています．1950 年に Alan Turing 氏が提案した**チューリングテスト**（Turing test）は，ある機械が「人間的」かどうかを判定するためのテストですが，ChatGPT は，まだ完璧とはいえませんがすでにそうした議論の対象になっていないほど，自然で的確な受け答えが実現されています．オンライ

#2（前頁注）　メタバース空間では恋愛パートナーを「お砂糖」，関係が解消された相手を「お塩」と呼んでいます．

図6.14　AI音声対話アバタ（AI Avatar AOI）

ンやメタバース空間の相手とのコミュニケーションが物理世界にいる人かどうかの区別がつかない水準になりつつあります．ソーシャルVRの中で稼働するAI音声対話アバタも登場し，さまざまな用途での活用が期待されています（図6.14）．

6.6.5●人間拡張技術

　VR/AR技術，ロボティクスやAIなどによって人間の能力を補完したり，向上したりする技術やシステムを**人間拡張**（augmented human）と呼びます．人間拡張は，パワーアシストスーツのように身体能力をサポートする技術や，物理空間におけるロボットやメタバース空間におけるアバタのように存在を拡張する技術が代表例です．さらに，ヒトには本来備わっていない新しい能力を獲得する研究も盛んで，3本目の腕や6本目の指といった人工身体部位の研究などが行われています．人間拡張の研究が進むことで，メタバース空間のアバタの猫耳や尻尾，翼などを脳がどのように捉えるかなどの理解が深まると期待されています．

6.6.6●身体融合錯覚

　本書でこれまで述べたとおり，VR/AR技術によって物理世界と情報世界の境界は融合し，曖昧になっています．ヒトは身体に分布する多様な感覚受容器を通じて世界を理解していますが，それと同時に自分自身も知覚される対象となります．つまり，VR/AR技術で提示あるいは合成された感覚情報は，私たちの世界の認識だけでなく，身体や運動の状態の推定にも利用されています．情報提示技術を介した感覚運動体験の創出には情報科学系分野や認知神経科学系分野との学際的な連携と知見の積み重ねが不可欠となります．

　VR技術における錯覚現象の活用のように，物理現象をそのまま忠実に再現して提示しても必ずしも効果が得られるとは限りません．脳の情報表現や身体性の制約を考

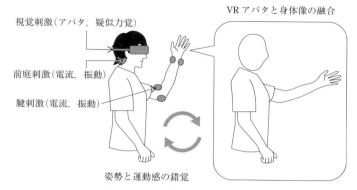

視覚刺激（アバタ，疑似力覚）

VR アバタと身体像の融合

前庭刺激（電流，振動）

腱刺激（電流，振動）

姿勢と運動感の錯覚

図 6.15　身体融合錯覚の概要

慮して編集・合成された感覚情報を自己の身体や運動にどう帰属させるかの設計が重要となります．知覚世界と情報世界における身体像が物理世界における身体と乖離が大きくなると，他人事ではなく「自分ごとの体験」として受容されません．

　そこで，脳の情報表現や身体性の制約を考慮し，人間の知覚・認知特性や運動特性を活用して，物理世界の身体をメディアとして知覚世界と情報世界における身体像に生じる多様な擬似体験を，自分自身のものとして身体や運動に帰属させる「**身体融合錯覚**」が重要となります（図 6.15）．こうした合成された感覚情報による新しい解釈としての感覚運動体験はメタバースにおいても中心的な役割を果たし，情報通信技術の媒介を前提としたコミュニケーションのアップデートや教育訓練への応用に活用できると期待されます．

参考文献

- Kraut, R., Egido, C. and Galegher, J. : "Patterns of contact and communication in scientific research collaboration", Proceedings of the 1988 ACM conference on Computer-supported cooperative work (CSCW '88), pp.1–12 (1988)
- Harrison, S. and Dourish, P. : "Re-place-ing space: the roles of place and space in collaborative systems", Proceedings of the 1996 ACM conference on Computer supported cooperative work (CSCW '96), pp.67–76 (1996)
- Granovetter, M. : The Strength of Weak Ties: A Network Theory Revisited, Sociological Theory, Vol. 1, pp.201-233 (1983)
- バーチャル美少女ねむ，メタバース進化論　―仮想現実の荒野に芽吹く「解放」と「創造」の新世界，技術評論社 (2022)
- Christian I. Penaloza and Shuichi Nishio : BMI control of a third arm for multitasking, Science Robotics, Vol. 3, Issue 20, eaat1228 (2018)
- Michael S. Beauchamp, Denise Oswalt, Ping Sun, Brett L. Foster, John F. Magnotti, Soroush Niketeghad, Nader Pouratian, William H. Bosking, Daniel Yoshor : Dynamic Stimulation of Visual Cortex Produces Form Vision in Sighted and Blind Humans, Cell, Vol.181, No.4, pp.774-783 (2020)

- Gaspard Zoss, Prashanth Chandran, Eftychios Sifakis, Markus Gross, Paulo Gotardo, and Derek Bradley：Production-Ready Face Re-Aging for Visual Effects. ACM Trans. Graph. 41, 6, Article 237, 12 pages（2022）
- Sun Joo（Grace）Ahn, Joshua Bostick, Elise Ogle, Kristine L. Nowak, Kara T. McGillicuddy, Jeremy N. Bailenson："Experiencing Nature: Embodying Animals in Immersive Virtual Environments Increases Inclusion of Nature in Self and Involvement With Nature", Journal of Computer-Mediated Communication, 21（6）, pp. 399-419（2016）
- 小塚 荘一郎：仮想空間の法律問題に対する基本的な視点，情報通信政策研究，Vol. 6, No.1, pp. 75-87（2022）
- 雨宮智浩：アバター化技術による教育効果への期待　メタバースは一時的な流行に終わらない，中央公論 2023 年 2 月号，pp.128-135（2023）
- 出川通ほか：テクノロジー・ロードマップ 2023-2032　全産業編，日経 BP 社（2022）
- 関真也：XR・メタバースの知財法務，中央経済社（2022）
- Jeremy Bailenson　著，倉田幸信　訳：VR は脳をどう変えるか？仮想現実の心理学，文藝春秋（2018）
- Kiyosu Maeda, Kazuma Aoyama, Manabu Watanabe, Michitaka Hirose, Kenichiro Ito, Tomohiro Amemiya, "VisionPainter: Authoring Experience of Visual Impairment in Virtual Reality", In Proc. HCI International 2022: HMI: Applications in Complex Technological Environments, pp.280-295（2022）
- 稲見昌彦，北崎充晃，宮脇陽一，ゴウリシャンカー・ガネッシュ，岩田浩康，杉本麻樹，笠原俊一，瓜生大輔：自在化身体論 —超感覚・超身体・変身・分身・合体が織りなす人類の未来，エヌ・ティー・エス（2021）
- Donald A. Norman　著，岡本明，安村通晃，伊賀聡一郎，野島久雄　訳：誰のためのデザイン？　増補・改訂版 —認知科学者のデザイン原論，新曜社（2015）

 索　　引

〈著者略歴〉

雨宮智浩（あめみや　ともひろ）

東京大学教授．1979 年山梨県甲府市生まれ．2002 年東京大学工学部機械情報工学科卒業．東京大学大学院情報理工学系研究科修士課程修了．NTT 研究員，英国ユニバーシティ・カレッジ・ロンドン認知神経科学研究所客員研究員を経て，2019 年東京大学大学院情報理工学系研究科准教授，2023 年より東京大学情報基盤センター教授，東京大学バーチャルリアリティ教育研究センター教授（兼務）．博士（情報科学）．総務省「Web3 時代に向けたメタバース等の利活用に関する研究会」構成員．JST 創発研究者．日本バーチャルリアリティ学会理事，ヒューマンインタフェース学会理事を歴任．欧州最大の VR 祭典 Laval Virtual より最優秀賞 Grand Prix du Jury（2007），国際会議 Eurohaptics 2014 にて Best Demonstration Award，国際会議 ACM SIGGRAPH Asia 2018 にて Best VR&AR Technology Award，国際会議 IEEE ISMAR 2022 にて Best Poster Award，日本バーチャルリアリティ学会論文賞など多数受賞．

メタバースの教科書
―原理・基礎技術から産業応用まで―

2023 年 4 月 19 日　　第 1 版第 1 刷発行

著　　者　雨宮智浩
発 行 者　村上和夫
発 行 所　株式会社 オーム社
　　　　　郵便番号　101-8460
　　　　　東京都千代田区神田錦町 3-1
　　　　　電話　03(3233)0641(代表)
　　　　　URL https://www.ohmsha.co.jp/

© 雨宮智浩 2023

印刷・製本　三秀舎
ISBN978-4-274-23036-3　Printed in Japan

本書の感想募集　https://www.ohmsha.co.jp/kansou/

本書をお読みになった感想を上記サイトまでお寄せください．
お寄せいただいた方には，抽選でプレゼントを差し上げます．

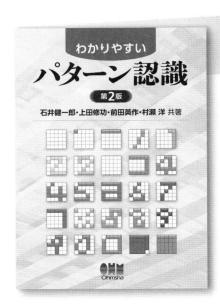
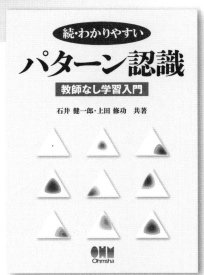